2018年12月10日、スウェーデンのカ…16世グスタフ国王より、
…授与された

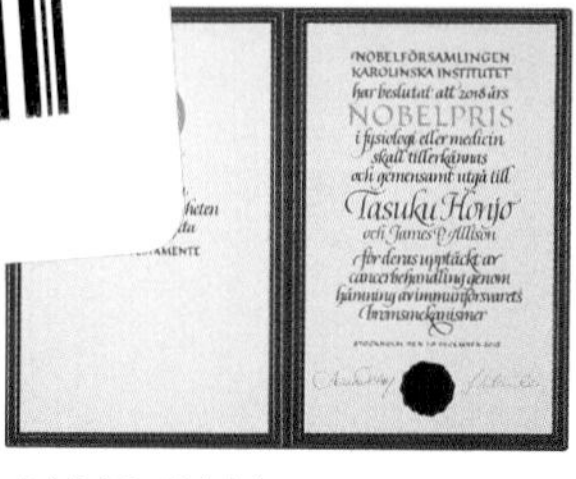

ノー…
Calli…
Book… …okbinderi AB

ノーベル生理学・医学賞のメダル、表(左)と裏(右)
The Nobel Prize Medal is a registered trademark of the Nobel Foundation.

2018年12月7日、スウェーデンのカロリンスカ研究所で行われた受賞記念講演

ノーベル博物館に寄贈した、色紙「有《ゆう》志《し》竟《きよう》成《せい》」を納めた額。筆者いわく「志がなければ何も達成できないという意味。私の信条で、この言葉で困難な時もやってこられた」

2019年1月11日の講《こう》書《しよ》始《はじめ》の儀《ぎ》において、明仁天皇（現・上皇）ら皇族の前でのご進講（マイクの前が筆者）

写真／渡部 伸（賞状・メダル）、時事通信フォト（授賞式・講書始の儀）、朝日新聞社（記念講演）、共同通信社（色紙を納めた額）

SHODENSHA
SHINSHO

幸福感に関する生物学的随想

本庶 佑

祥伝社新書

まえがき

私の人生、特にその大半を占める研究生活は幸運だった。何よりも、生物学や医学という熱中できるものを見つけたこと、それを半世紀にもわたり研究し続けてこられたことは幸運と言うほかはない。

よく、講演などで「なかなか打ち込めるものが見つかりません。どうすれば見つかりますか」などの質問を受けるが、私自身、目の前のことに集中し、熱中していたら、気がつくと今の場所に立っていたというのが実情だ。ひとつの問題をクリアすると、新たな問題が見つかり（これは苦《く》ではない）、それをクリアすると、また新たな問題が見つかる。その過程で、本質に近づいたように感じることもあれば、袋小路《ふくろこうじ》に迷い込んだように感じることもある。予期せぬ発見もある。まことに研究とは厳しく、おもしろいものだ。

本書は、次の6編から構成されている。

「幸福感に関する生物学的随想」――私が国際高等研究所の「比較幸福学」研究班に所属した時のもので、同研究所報告書『比較幸福学』（中川久定編、1999年）に寄稿した論文である。人間が幸福を感じる生物学的仕組みを、科学的に迫ったものだ。

「ひょうたんから駒を生んだ、私の幸せな人生」――2018年10月、ノーベル生理学・医学賞を受賞した。受賞者は記念講演を行うことが慣例となっており、私もスウェーデン・ストックホルムのカロリンスカ研究所で行った。これはあまり知られていないようだが、受賞者は講演後に正式な原稿にまとめてノーベル財団に提出し、財団はこれを保管・管理・出版する。本書に収めたのはこの翻訳であり、2つあるうちのひとつ「Biography」である。私の半生について述べたものだ。

「獲得免疫の思いがけない幸運」――同様に、ノーベル財団に送ったもうひとつ「Serendipities of Acquired Immunity」の日本語訳である。受賞理由である、免疫抑制の阻害によるがん治療法の発見について、その道のりと内容を詳しく記した。

「免疫の力でがんを治せる時代」――2019年1月11日、皇居において行われた講《こう》書始《しよはじめ》の儀《ぎ》における、ご進講である。詳しくは本文に譲《ゆず》るが、今やがん治療は新たなフェーズに入った。これを、感染症におけるペニシリンの発見に比する研究者もいる。すなわち、がん治療の新しい扉を開けた、と。「Biography」、「Serendipities of Acquired Immunity」——前述の通り、ノーベル財団に提出した英文である。

2019年10月、吉野《よしの》彰《あきら》博士がノーベル化学賞を受賞された。受賞理由はリチウムイオン電池の開発である。これで、日本人のノーベル賞受賞者は27人となった。21世紀以降の19年間では18人を数える。日本人の知的水準の高さを表すひとつの指標とも言えるが、この状況がこれからも続くかというと、私は危機感を抱いている。

ノーベル賞の自然科学分野には物理学賞、化学賞、生理学・医学賞の3つがあるが、学問的成熟度には差がある。物理学と化学に関しては、多くの研究者がどこに課題があるかを把握している。一方、生理学・医学はそもそも全体像すらわかっていないのだ。現在、注目されている研究論文は生命科学が圧倒的に多い。欧米、特にアメリカでは科学技術予算の半分以上が生命科学に投じられている。生命科学は総合科学であり、投資する価値が高いと見られているからだ。ひるがえって、日本の予算は3分の1にすぎない。

研究者を取り巻く環境も深刻だ。研究者の喜び、それは若いうちから自分が好きなこと・興味を持ったことを存分に研究できることだ。しかし今、若手研究者が大学院の博士課程に進まなくなっている。その理由は、企業が研究職の採用を減らしていること、研究者になっても人生の展望を描けないことだと推測される。博士研究員、いわゆるポスドクの多くが数年程度の任期つき雇用であり、これでは生活は安定せず、モチベーションも上がらないだろう。

これらの課題を解決せねば、科学立国・日本は危《あや》うい。私は2018年12月、若手研究者を支援するため、ノーベル賞の賞金を原資に「本庶佑有志基金」を設立した。研究者に資金を提供し、5~10年自由に研究していただく。もちろん、資金の返済は不要である。私が研究に心を躍らせたように、ひとりでも多くの科学者たちが未知なる発見を遂げることを心から願っている。そして、私たちが開けられなかった新しい扉を開けてもらいたい。

私の幸運を支えてくれた恩師（早石修《はやいしおさむ》、西塚泰美《にしづかやすとみ》、ドナルド・ブラウン、フィリップ・レーダー）、共同研究者（多数）、両親、家族に感謝の意を表したい。また、本書の翻訳を担当していただいた竹内薫先生に御礼を申し上げたい。

なお、本文は発表当時のものを使用しているが、今回1冊にまとめるにあたり用語を統一し、ふりがなを加え、句読点を加除するなど修正を加えている。（）は当時のまま、〔〕は今回加えたものである。

2020年3月

本庶《ほんじょ》 佑《たすく》

目次

まえがき　3

幸福感に関する生物学的随想――13

はじめに　14

第一章　快感、不快感および幸福感　18

快感に基づく幸福感／快感は飽和する／不快（不安）感の不在による幸福感／不快感の不在で飽きることはない

第二章　快感と不快感の生物学的仕組み　26

快感と不快感をとらえる感覚器と知覚中枢および情動行動中枢／感覚の順応と麻痺について／知覚中枢と情動行動中枢を統御する大脳機能

／感覚器の感度も統御機能も遺伝子で規定される部分が大きい
第三章　生物学的見地からの永続的幸福感への道　41
安らぎの幸福感／宗教の役割／結論
文献　46

ひょうたんから駒を生んだ、私の幸せな人生——49

序　50
初期のトレーニング　54
日本に戻る　59
AIDへの旅　63
PD-1の発見、その機序と応用　69
治療への応用　76
科学メディア　78
科学における6つの「C」　80
夢　81
結び　83

謝辞　84
参考文献　85
獲得免疫の思いがけない幸運――89
はじめに　90
免疫グロブリンの多様性　94
クラススイッチ組換えとＡＩＤ　99
ＰＤ－１の発見とその応用　108
ＰＤ－１阻害によるがん免疫療法　119
ＰＤ－１阻害がん治療の今後の展望　132
謝辞　140
参考文献　142
免疫の力でがんを治せる時代――155

Contents

Biography 262 (iii)

Prologue 262 (iii)
Early Training 257 (viii)
Back to Japan 253 (xii)
Journey to AID 249 (xvi)
Discovery of PD-1, its Function and Application 245 (xx)
Clinical Application 238 (xxvii)
Science Media 236 (xxix)
Six "*C*"s in Science 234 (xxxi)
Dreams 233 (xxxii)
Coda 232 (xxxiii)
Acknowledgement 230 (xxxv)
References 230 (xxxv)

Serendipities of Acquired Immunity 227 (xxxviii)

Introduction 227 (xxxviii)
Immunoglobulin Diversity 223 (xlii)
Class Switch Recombination and AID 219 (xlvi)
Discovery of PD-1 and its Application 210 (lv)
Cancer Immunotherapy by PD-1 Blockade 200 (lxv)
Future Perspective of PD-1 Blockade Cancer Therapy 187 (lxxviii)
Acknowledgements 178 (lxxxvii)
References 177 (lxxxviii)

「ひょうたんから駒を生んだ、私の幸せな人生」
「獲得免疫の思いがけない幸運」

翻訳――竹内 薫

（サイエンス作家、理学博士。1960年、東京都生まれ。東京大学理学部物理学科卒業、マギル大学大学院博士課程修了。著書に『99・9％は仮説』など。）

図表デザイン――篠 宏行
本文デザイン――盛川和洋
コーディネイト――赤荻文子
編集――飯島英雄

幸福感に関する生物学的随想

はじめに

本稿は、人間が幸福を感じるということの生物学的仕組みはどのように考えられるのかについての考察を、現時点での生物学の知識に基づいた推論として展開するものである。幸福を感じる基盤は生物としてのヒトの基本的な生存様式であり、すべての生命活動が遺伝情報の枠組みを逸脱できないのであるから、幸福を感じる基本的な仕組みも遺伝的に規定されている。しかし、残念ながら今日《こんにち》の脳研究のレベルはきわめて未発達であり、人の快感とか人の幸福感の物質基盤を語ることは非常に困難である。したがって、本稿中の生物学的用語を使った説明が、必ずしも実験的根拠に基づいた事実とは限らないことを留意しておく必要がある。

歴史的に見ると幸福とは何かということは、人類の文化が始まって以来、常に考え続けられてきた最も重要な問題のひとつである。「人はどのように生きれば幸せか」

とか、「どのようにしたら心が満たされるか」ということは哲学の中心課題のひとつでもあり、古来哲学者で幸福の問題を語らなかった人はほとんどいないようである。

最も単純に整理すると、西欧の幸福論の少なくとも主流はギリシャの哲学者アリストテレスのニコマコス倫理学の流れを受け、人が楽しいと感じることを幸福の基礎、もしくは底辺と考えているようである。ブッダも「健康は最高の利得であり、満足は最上の宝であり、信頼は最高の知己であり、ニルヴァーナ（悟《さと》り）は最上の楽しみである」と述べている。[1]中国においても『論語《ろんご》』の冒頭にも「学びて時に之《こ》れを習う、また説《よろこ》ばしからずや。朋《とも》あり遠方より来たる、また楽しからずや。ひと知らずして慍《いか》らず、また君子ならずや」と「説ぶ」「楽しむ」という快感を善として価値判断の基準にしている。[2]孔子《こうし》が最も高い徳とした「仁《じん》」は自分の欲せざることを他人にするなということであり、自分が欲せざること、すなわち「不快感を他人に与えるな」ということを自分を律する最も根底的な規範としている。[2]ストア派などのごく少数派を除いて、古今東西多くの人々が幸福を感じる基礎として、心地好《ここちよ》い快感が根底にあるということを認めている。しかし、当然のことながらこのような快感が幸福感の基礎であったとしても、この段階に留《とど》まる幸福感は低次元のものであることを多くの文明に共通して識者が指摘している。

これまでの幸福論について書かれた著書は、多くの場合が幸福感を様々な視点から分類し理解しようとする著者の幸福観（人生観・哲学理想）を述べたものである。先に述べたアリストテレスによれば、第一段階には本能的欲望の充足に基づく享楽的幸福感、名誉を求めることによる政治的幸福感や富《とみ》を手に入れる蓄財的幸福感などがあるが、第二段階の学究的思索瞑想にふける観照的幸福感が理想であるとしている。(3)その後の多くの西洋の哲学者の理論も、大なり小なり同様なレベルの分類を行っている。すなわち、本能的な欲望の充足に基づくものを最低の次元とし、より知的な働きを加えたものを上位に置き、最終的には瞑想とか神との一体感、解脱《げだつ》などの宗教的超越的境地を最上位として述べているものがほとんどである。

新宮秀夫《しんぐうひでお》京都大学名誉教授（元・京都大学エネルギー科学研究科教授）の著書『幸福ということ――エネルギー社会工学の視点から』には、ギリシャに始まる西欧の哲学者の見解のみならず、中国・インド・イスラム・日本におよぶ400冊の幸福論に関係ある著書についての要約が述べられており、新宮教授の該博な知識とここまで徹底的に検索をされたエネルギーに深く敬服する次第である。(4) 新宮教授のまとめでは幸福を四段階に分類し、第一段階に本能的な快《かい》を得る幸福、第二段階に獲得した快を永続させる幸福、第三段階に苦難や悲しみを体験しそれを克服する幸福、そして最上階は克服できない苦難や悲しみの中に最高の幸福があるとしている。工学者である新宮氏が、最上階に凡人には理解しにくいやや宗教的幸福感を位置づけられているのは大変興味深い。

本研究班比較幸福学の中心理論は、吉田民人《よしだたみと》東京大学名誉教授によって提唱されている。吉田理論によれば幸福の基盤は4つの形に分類されるとしている。すなわち、1楽しむ、2成し遂げる、3自己を律する、4ヒトを愛し愛される、である。吉田理論においても、「1楽しむ」を含めていずれも心地好い状態が幸福の重要な基盤となっていることは重要である。また、吉田理論では幸福に階層性を入れていないことは注目に値《あたい》する。

第一章　快感、不快感および幸福感

快感に基づく幸福感

ヒトを含めた多くの生物が、いわゆる五感を司《つかさど》る感覚器官を通して快感を得ることは、おそらく文明が始まる以前から誰もが気づいていたはずである。子孫を残すことに直接つながる性の満足、生きるための食欲の満足、また他者との競争による富や名声を手に入れることがなぜヒトに共通して快感を与えるのであろうか。その答えは、このような行為がすべて生命の基本活動を促進する行為だからである。

生命活動の基本的要素、すなわち生きるために必要な要素は、通常３つの要因に分類される。第一は自己複製と呼ばれるが、これは要するに子孫を残すことである。第二は自律性（ホメオスタシス）と呼ばれているが、簡単に言うならば外から食物をとり、体内のエネルギー状態を一定水準に保ち、自己の身体の活動状態を自分で維持することである。このことから必然的に食欲は生物にとってきわめて重要な生存への欲求の表現となる。第三は外界との適応性である。生物が生きていくためには様々な環境の変化から来る危険から自分の身を守ることが大切である。著《いちじる》しい環境の変化、たとえば温度の急激な低下は生命に危険をもたらすので、これを避《さ》けるために温暖な土地へ移動するとか、火をおこして暖をとることが必要である。自分の生命に危険をもたらす最も大きな外界の変化は、自分の生命に危害を加える敵の出現である。これに対処する方法は敵と戦って勝つか、敵からいち早く逃げるかである。ヒトの生命に最も脅威を与えた外敵は、おそらくヒト自身であったに違いない。したがってヒトは古来他者と競争し、これに勝つことを余儀なくされていたと考えられる。富や権力は競争の結果得られるものである。

生物にとっては、生きて子孫を残すことが最大の価値である。生物が生きるために基本的に必要な前述3要素を満たしたことを感覚器官が感知した時に快感を得られるように仕組まれた生物は生存の可能性を高める。逆に、たとえば性行為によって快感が得られないとしたら、おそらく子孫を残そうとする欲求は低下し、それによってその種が自然界に長く繁栄することはなかったであろう。今日、文明社会において出生率が低下しているのは、性行為における快感と同等あるいはそれ以上の快感が他の行動でも得られるということに一因があるのかもしれない。40億年以上の生命進化の厳しい生存競争の過程で、生命持続に必須の基本的3要素と快感とが結びついた生物が進化して生存競争に生き残ったと考えられる。

このようにして、ヒトを含めた多くの生物は①性欲を満たすこと、②食欲を満たすこと、③競争に勝つことを感知すると快感を得るようになったのであろう。以上のような進化的考察から推論するとこの種の快感は多くの生物に共通であるから、この種の快感が本能的と呼ばれるのであろう。私は第三番目の「競争に勝つ」ことは、かなり広範囲の快感を包含《ほうがん》するものではないかと思う。富、権力、名声を手に入れることはもとより、吉田分類の「2成し遂げる」や「3自己を律する」喜びは自己との競争に克《か》ち達成することと考えることもできる。また、吉田分類の「4愛し愛される」ことは恋人の獲得（愛される）という面と献身的に愛するという達成的な競争の部分があるが、後述する不安感の解消との関連も深い。もし、このような本能的快感をストア派のように悪として否定するとすると、それは生物の生きるという根元的な活動の否定につながりかねない。したがって、多くの賢人が快感を幸福感の基礎と考えたことは生物学的に見ても合理性があるが、以下で述べるように限界がある。

快感は飽和する

細かい点は別として、このような生命の基本的な働きと快感とが結びついているということを、東洋と西洋の哲人、あるいはそれ以前から人類は知っていたに違いない。しかし、およそ哲学者と呼ばれる人は、いずれもこのような幸福感の基本的要素は認めたとしても低次元のものだと考えていた。そして、このような低次元の幸福感に留まる人は、真の幸福を得ることは難しいと繰《く》り返し述べている[1]〜[4]。

なぜならば、このような性・食・競争といったレベルの快感はいずれも目標を達成した段階で快感が飽和し、やがて飽《あ》きるということを体験したからである。食道楽の人が次々においしいものを求めて世界中を旅するように、本能的快感は常に新しい刺激を求めてその欲望は止まることを知らない。権力闘争に勝利をおさめた者がさらなる権力を求めて次々に競争に挑《いど》むように、人の欲望を満たし続けることは不可能と言ってもよいであろう。「盛者必衰《じょうしゃひっすい》の理《ことわり》」と『平家物語《へいけものがたり》』にあるように、権力闘争の勝者はさらなる戦いでやがて権力闘争に敗れ、滅《ほろ》んでいくことは人類が長い歴史の中で十分体験したことである。この問題を解決するために哲学者はどのようにしたら幸福感を継続させ、永遠の幸福感を得ることができるかを考えてきた。あえて言うならば、「永遠の幸福感がどのようにしてヒト（自分）のものとなるか」という命題こそが幸福論の主要課題であるといっても過言ではない。

中川久定《なかがわひさやす》京都大学名誉教授によれば、フランスの革命的思想家でありかつ教育思想家であったルソーは当時最も貴重な嗜好物《しこう》であった砂糖を長く楽しむために、薄い濃度の砂糖水から始めしだいに濃度を上げ、やがてこれ以上上げられなくなったところで一度砂糖断《だ》ちをして、しばらくして再び濃度を低くし、また少しずつ濃度をあげていくことによって最も砂糖の美味《おい》しさと貴重さを味わうことができると述べている。この観察は、今日の生理学の研究成果に基づいた感覚受容体の性質ときわめてよく一致するものである。すなわち、感覚器官には順応と言われる仕組みが知られており、同程度の刺激が続いて入ることは感覚器を麻痺《まひ》させ、快感が得られなくなるのである。このために、常に快感を得るためにはより強い刺激を与えることが必要となる。(5)、(6)したがって、この次元に留まる幸福感では常により強い快感を求めるために逆に常に不幸である可能性がある。古来、賢人がすべて、人類に本能的快感の追求に留まることを戒《いまし》めていたのは、おそらくこの理由に基づくと考えられる。

不快(不安)感の不在による幸福感

快感に基づく幸福感というのは、古来多くの人が欲求の積極的な充足という視点からとらえてきたが、「不快感の不在」という視点を幸福感の中に取り入れた考え方は比較的少ないようである。これは新宮教授の400冊におよぶレビューの中でも、不快感の不在を幸福感の中に取り入れることを真正面から取り上げた著書は見当たらないように思われる。(4)

これまで不快感の幸福における役割は、不幸や悲惨な状態からの脱出過程の人格的修練による悟りの境地への到達や不幸の克服という達成型の幸福感としてとらえられてきた。(4)しかしここで私が提案するのは、何も不安がないという静的な安定した心の状態がもうひとつの型の幸福感であるということである。似たような視点は中川氏にも見られる。

先ほど述べた生存のための3要素を満たす第一歩は、まず生存の危険を感知することである。たとえば外敵から逃《のが》れる場合に敵を感知した時に恐怖心を生ずる仕組みが備わっていることによって、はじめて外敵と戦うことや逃げることが可能になる。また、外界の温度の急速な低下は人々に不快感と危機感をもたらす仕組みがあるから、自《みずか》らの生命を護《まも》るため移動するか衣服を厚くするという行動が引き起こされる。自己の遺伝子を残すためにチンパンジーのボスが前任ボスの子供を殺すという話は、自己のDNAを残すことを妨害する可能性のある者への危機意識の表れを感知する仕組みがあるからなのかもしれない。おそらく生命の基本要素である自己複製、自律性、適応性のいずれかがうまくいかない場合には、自己および子孫の生命の営《いとな》みが脅《おびや》かされるために、これを回避したいという不快反応がここに組み込まれるように生物は進化したと考えることができる。常に生命の3要素のいずれかでも侵《おか》される危険にさらされていては、他の快感をいくら満たしてもけっして幸福な状態ではない。

このように考えると、不安感や恐怖心がないということは幸福感の根底的な要素であるとすることができる。吉田分類の愛し愛されることの本質は不安感の解消にあるのかもしれない。プラトンの男女合体の分離という寓話(7)にもあるように、人間は一人では寂《さび》しくて生きられず他者を愛することによってはじめて心が満たされるのではなかろうか。動物としてのヒトは群れをなし仲間を作ることによってしか生き残れなかったことが、適応性の一部として遺伝子の中に組み込まれたのではあるまいか。

不快や恐怖などはいずれかの感覚器からの刺激によって生じるものであるが、不快刺激がない状態は安定した心安らかな幸福感の状態と言うことができる。快感の刺激による幸福感がしばしば欲望の充足によってやがて飽和し、逆に快感を得ることが困難になるのに反し、不快感の喪失という無刺激状態そのものには、けっして飽きることがない。不快感がないからといって、もっと完全な不快感の欠除を求めるということはない。

不快感の不在で飽きることはない

飽和感がなく安定した心の状態は古来、賢人が高次元の幸福と呼んできたものに近いと考えられる。しかし、欲望の充足と異なり、不快（不安）感の除去は容易ではない。孔子が言ったように、君子でなければ他人に不快感を与えずに生きることは難しい(2)。大多数の人間は他人と競争し、相手に不快感を与え、また相手から不快感を受けている。普通に生きる過程でも、死の不安から逃れることは難しい。不快感を感じていないことと、不快感を一度も経験したことがないことは違う。不快感、とりわけ苦しみや悲しみの体験はそれを克服する過程でその人の人間性を高めるのみならず、不安感のない幸福感を正しく評価できるようにする学習効果がある。

第二章　快感と不快感の生物学的仕組み

快感と不快感をとらえる感覚器と知覚中枢および情動行動中枢

前章で述べたように、生命を維持するための基本的要件の充足と危機それぞれが快感と不快感に連動することによって、生命体の生存能力は飛躍的に増大した。

すなわち、生物の感覚器官は生命維持要件が満たされるかどうかを感知するために進化したと考えられる(8)。

精巧なレンズを備えた眼によって、瞬時に相手の表情まで正確に見ることにより、敵か味方かの区別が可能になる。餌をとるためにあらゆる生物がそれぞれの知覚を研《と》ぎ澄《す》ましている。夜間行動をするフクロウは聴覚を発達させ、左右の耳の位置のわずかな上下の違いによって、音源から左右の耳に届く間に生ずる音波の位相《いそう》差と強度差を感知する。これによって、暗闇の中でカサコソと枯れ葉を踏みながら動く野ネズミの空間的位置を正確に感知することができる。捕獲したものが餌かどうかは、最終的には味覚によって確認される。栄養性の高いアミノ酸や糖などの物質に強く反応するように我々の味覚感覚器が発達したのであろう。

さて、快感と不快感は別々の感覚器官で感じるのであろうか。実は、生物学的に同じ種類の知覚器を通したとしても、快感と不快感の2通りの反応を生じることができる。美しいものを見れば楽しく、こわいものを見れば不快である。触覚に関しても痛みは不快感を与え、すべすべした手ざわりは快感を与える。味覚には美味《びみ》とにがみがある。音楽を聴《き》いて幸せな気分になる一方、騒音で不快感を持つことも少なくない。次第に大きくなる音が一般に不快感を与えるのは、敵が近づくことを連想するからかもしれない。

このようなことから、同じ末梢《まつしょう》感覚器官でとらえた情報がその質、強度や組み合わせによっては快感と不快感との異なる中枢刺激を引き起こす。恐怖に遭遇した時の人の表情と、欲望の充実に満足した時の人の表情は、まったく異なる。同様に満腹と飢餓は単に食物の量が多い少ないではなく、質的に異なる信号が出されている。すなわち、飢餓は食欲が満たされていないという信号ではなく、積極的に食物が不足しているという信号を摂食中枢が得ている状態である。逆に満腹は食物が不足していないという信号ではなく、食欲が十分に満たされているという信号を満腹中枢が受けている。この両者は違う種類のシグナル分子とシグナル受容体を通じての感覚と考えられている。つまり、快感を感知する別々のシステムを生物が持っているのであろう。

食欲を制御する中枢としては摂食中枢と満腹中枢が視床下部の違うところに存在することがわかっている（図1）。ラットやネコのこの部位を別々に破壊すると、まったく異なる食欲異常が起こるからである。すなわち、摂食中枢を破壊することによって動物は食欲を失い、餌の前でも食べることをせず、やがて痩《や》せおとろえる[(5)、(6)]。一方、

図1　脳の左右軸での断面図と満腹および摂食中枢の位置

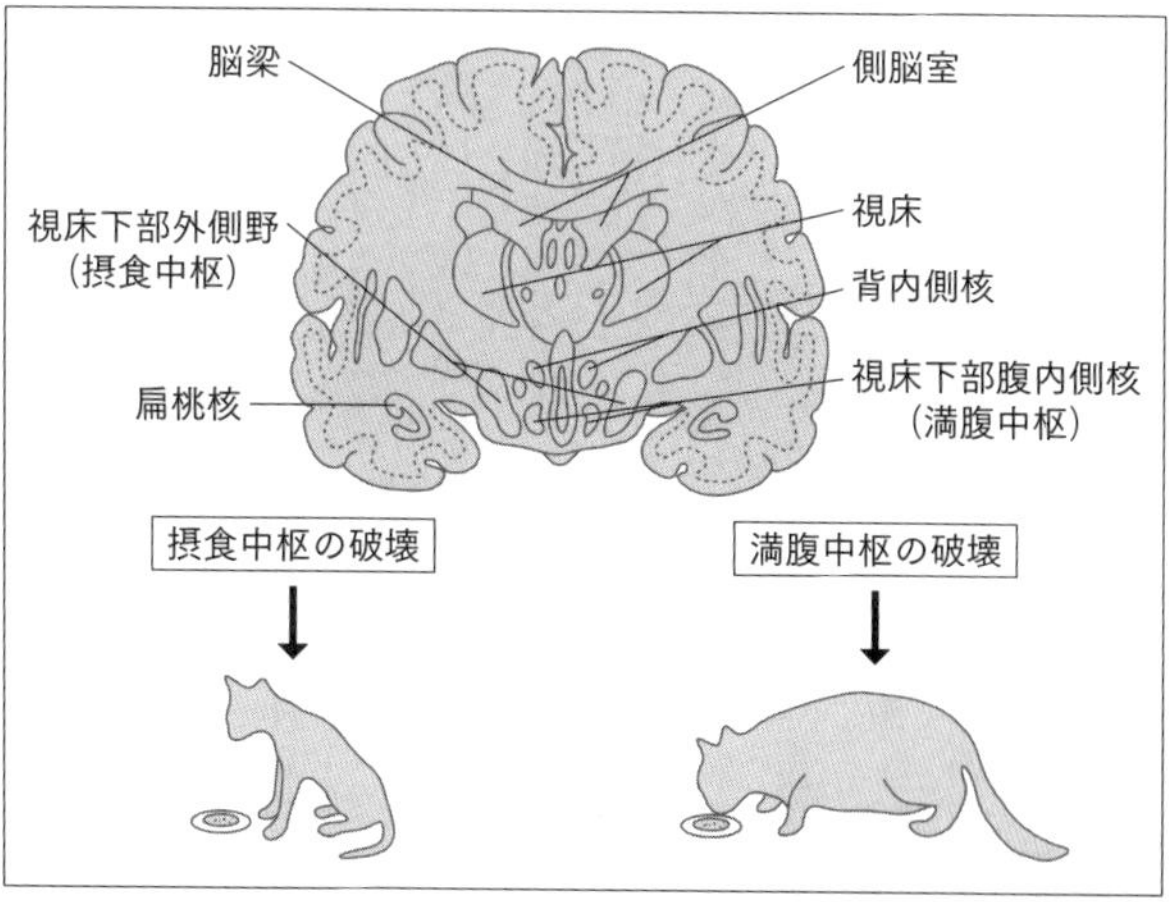

満腹中枢を破壊するといくら食べても止まるところがなく、たちまち肥満してしまう。

摂食および肥満中枢の制御に関わる物質的な基盤についての研究も進み、最近では満腹中枢に直接働くレプチンと呼ばれる新しい分子が発見された[9]。この分子に異常が起こると満腹感を感知することができず、肥満が生ずることが知られている。レプチンは血中の脂肪濃度に反応して脂肪細胞から分泌《ぶんぴつ》され、視床下部の神経細胞上の受容体に結合して満腹信号を伝える。また、渇《かわ》きを感知し水を飲む飲水中枢も、視床下部に存在し、体内の水の量を一定に保つ。飲水中枢にも血漿《けつしょう》浸透圧やアンギオテンシン等に感受性を持つニューロンが存在することが知られており、体内の水バランスに物質レベルで反応していることが明らかになっている。

性欲を支配する中枢も辺縁《へんえん》部に存在することが知られている。ラットの実験で内側《ないそく》視索前野《しさくぜんや》、前視床下野《ぜんししょうかや》を破壊すると、雄《オス》は雌《メス》に対する興味が低下し性行動もできない。雌も同じく雄を迎え入れることができない。一方、サルの実験で内側視索前野を電気的に刺激すると非常に性欲が昂進《こうしん》し、たちまち発情する。この性欲増進と抑制を制御する中枢はテストステロンやエストロジェンなどの性ホルモンに感受性があり、これらの性ホルモンによって性行動が制御されていることが明らかとなっている。

末梢感覚器官で得られた情報は神経興奮を引き起こし、感覚情報は知覚中枢に伝えられる。知覚中枢は聴覚、視覚、触覚、味覚、嗅覚のいわゆる五感のそれぞれに対応した中枢が存在する。このような知覚中枢で感知された情報により、外部情報を受け入れ、時にはこれに基づき攻撃行動や逃避行動などのいわゆる情動行動へと移る。(5)、(6)

情動行動は必ず身体の呼吸、循環、排尿、唾液《だえき》分泌、立毛《りつもう》、瞳孔《どうこう》散大などのいわゆ

図2　ヒト脳の解剖学的位置、前後軸での断面

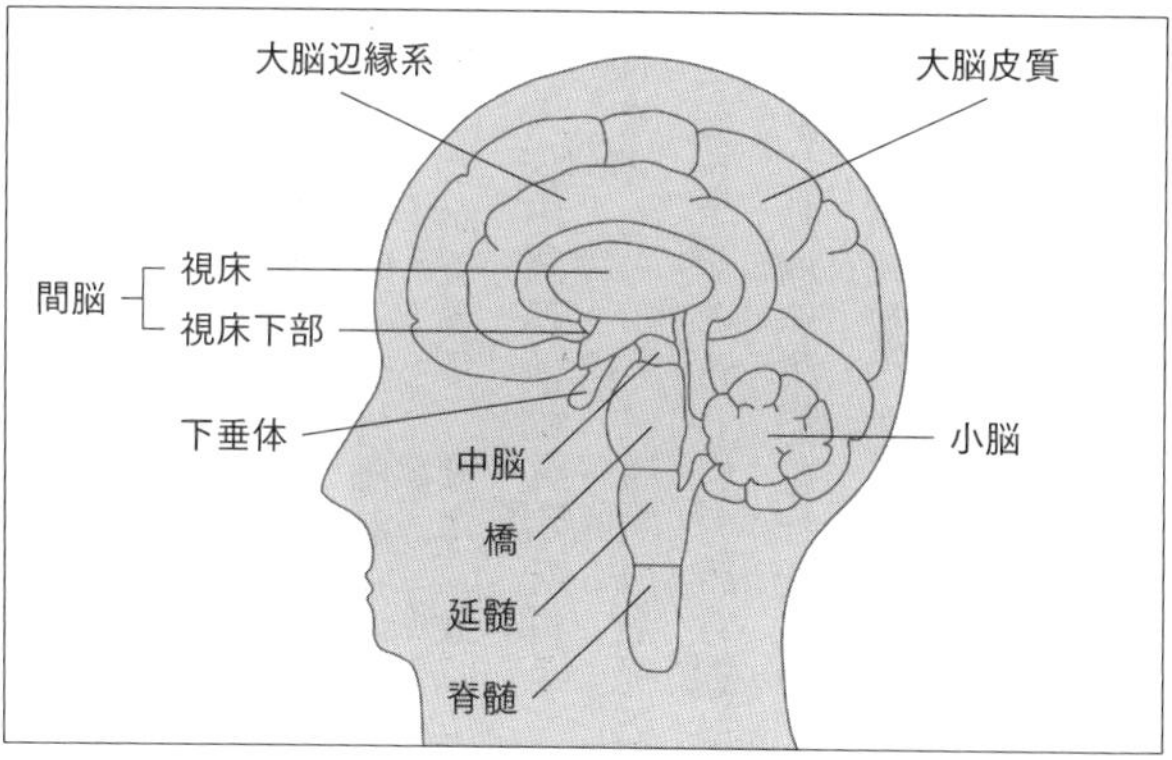

る自律神経系の協調反応をともなっている。
このような生理学的反応を制御する部位は、解剖学的に視床下部と辺縁系と呼ばれるところに存在することが明らかになっている（図2）。視床下部および辺縁系は協調して本能および情動行動の情報処理中枢として働く。辺縁系の中でも重要な扁桃体《へんとうたい》と視床下部下位部を含む両側側頭葉《そくとうよう》をネコやサルで破壊すると、非常に奇妙な現象が起こる（クリューヴァー・ビューシー症候群）。手の届くところにある色々なものを手当り次第に口へ持っていき食べようとし、性欲が異常に昂進し、情動反応が低下して敵に対しても何の反応もなく近づき殺される。また、見たものが何である

かを判断できなくなる視覚失認症が起きる。[6] この現象から、感覚系の情報を統合して認識・判断して行動するために必須の機能が、辺縁系と視床下部にあることがわかる。

喜怒哀楽を示す情動行動も、脳の辺縁系に存在する情報処理中枢によって制御を受けている。[10]、[11] 視床下部外側から中脳《ちゅうのう》中心の灰白質《かいはくしつ》に至る領域を刺激すると怒りを生じさせることができる。また、大脳皮質《だいのうひしつ》を摘除したイヌでは怒りが容易に生じることにより、大脳皮質が情動発現《はつげん》を抑《おさ》えていると考えられている。また、ネズミの視床下部に電極を差し、レバーを押すとそこに電気刺激が入るようにする。ネズミは刺激によって快感を生ずるらしい。繰り返しレバーを押し続けるこの装置によって、明らかに刺激により動物が快感をむさぼっているように見える状況を生み出す領域が、視床下部のある領域に見つかる。[6] また、ここにモルヒネやエンケファリンを小量注入する装置を作っても、同じように快感を感じている様子が見られる。[12]〜[14] これと同じような実験で、逆に動物がこのような刺激を回避するようになる部位が中脳背側《はいそく》に見つかる。このようなことから、快と不快とを支配する明らかに違う領域が存在し、そこには感覚情報を統合して判断し行動に移す、情報処理中枢の存在を示唆《しさ》すると筆者は考える。

生物学的な感覚は、いずれも感覚受容体というセンサーを通じて知覚される。たとえば最も代表的な感覚器官である目では、光が入るとオプシンとロドプシンという分子の構造に変化が起こる。その構造変化が環状

感覚の順応と麻痺について

グアニル酸分解酵素の活性化を起こし、次いで細胞膜を通過するイオンの流れを変化させ、光の感知情報を視覚中枢に電気信号として送っている。生物が知覚できる光は絶対的な光の強さではなく、必ず相対的な光の強さであることが明らかになっている（ウェーバー・フェヒナーの法則[6]）。明暗は暗いものと明るいものとの差を見分けるものである から、夜は明るい月も昼は輝きを失う。明るいところでは、より明るい光をはじめて光として感知することができる。しかし、暗いところではわずかな光でもこれを逃さない。同じように嗅覚でも、新たに部屋に入って来た人が感じる臭気を、前から部屋にいた人はまったく何も感じないことはよく経験する。このような現象を受容体の順応という。

順応の詳しい分子機構は明らかではないが、末梢性の感覚受容器レベルとシナプス

における情報伝達および中枢ニューロンにおけるものとがある。受容体からの刺激を細胞内へ伝える過程において、脱感受性と呼ばれる現象が知られている[15]、[16]。脱感受性の仕組みには、細胞の膜に存在する受容体から細胞内へ刺激が伝わる過程で、刺激が入るといったんそこの共役《きょうやく》が阻害される場合と、受容体そのものが細胞内に移行して次の刺激を受けられなくなる場合、また細胞表面全体の受容体数が刺激によって低下する場合の3種類が知られている。この反応は数分から十数時間で起こり、連続的に刺激が入ることを防いでいる。末梢感覚受容器および知覚中枢の順応によって、感覚刺激は弱い刺激に麻痺する。この結果、感覚を持続し快感を保つためには次々とより強い刺激を与える必要があるので、永続的に同じレベルの快感を得ることは事実上不可能である。かくして、生物学的な知見からも、感覚器を通した直接的な欲求の充足では永続的な快感を得ることが不可能に近いと考えられる。

知覚中枢と情動行動中枢を統御する大脳機能

すでに繰り返し述べたごとく、賢人が本能的快感を低次元のものとした理由は、欲望を満足させることによりさらなる刺激を求め、逆に不幸になってしまうメカニズムを認識したからである。つまり、永続的な幸福感を得るためには高次の中枢（精神的な）統御システムに任せる必要があることを十分に認識していたからである。ここにきて、いよいよ感覚器官を通した快感に基づきながらも、いかにして恒常的に安定した幸福感を得るか。また、不快感の存在しない状態をどのようにして体得するかという幸福感の永遠の命題が浮かび上がる。

生物学的には、これは大脳情報統御中枢による情報制御および下位中枢（情動行動中枢や知覚中枢）と末梢感覚器へのフィードバック制御の問題ととらえられる。感覚器から知覚中枢に送られた情報は、情動中枢から行動回路に至る反射的なものと、上位の情報統合中枢で選別され学習経験と照合されて行動に至る思惟的なものの２つが想定される（37ページの図3）。情報統合中枢の仕組みや、どのような物質が媒体となっているのかなどの実体はほとんど明らかではない。しかし、ＬＳＤなどの幻覚剤の投与による恍惚《こうこつ》感の獲得や脳内物質エンドルフィンによる快感誘導などの現象は、[12]〜[14]我々の大脳中枢における情報統合中枢が物質的支配を受けていることを強く示唆するものである。一方、情報統合中枢の制御システム形成には、文化的・教育的・体験的学習成果が組み込まれることもよく知られている。知識や考え方を刷り込むことによって同じ知覚中枢からの情報が様々に変換された形で認識され、そして行動へと移されることは間違いがない。

近年の脳科学の研究により末梢感覚器から知覚中枢に至るステップに関しては、それなりの情報の蓄積ができつつあるが、それより上位の情動中枢や情報統合中枢の実体はまったく不明である。たとえば、我々の視覚感覚器でとらえられた画像は、電気信号として視覚中枢に送られ、その情報を再び画像のイメージとして再構築され、SF的に表現すればテレビの画面のように映し出されると考えることができるが、情動中枢や情報統合中枢において、そのテレビ画面を見て判断するのは「何か」ということが今日の脳科学ではまったく明らかでない。しかし、このテレビカメラを見る情報統合中枢がその画面を無表情に機械的に眺《なが》めて反応するのではなく、個人の体験や学習に基づいて判断すると考えられている。

さらに重要なことは、情報統合中枢からそれぞれの知覚中枢への分別的な閾値《いきち》の変化をもたらしたり、知覚中枢からの情報刺激を選別的に変動して処理するフィードバ

図3 知覚情報の伝達と制御の模式図

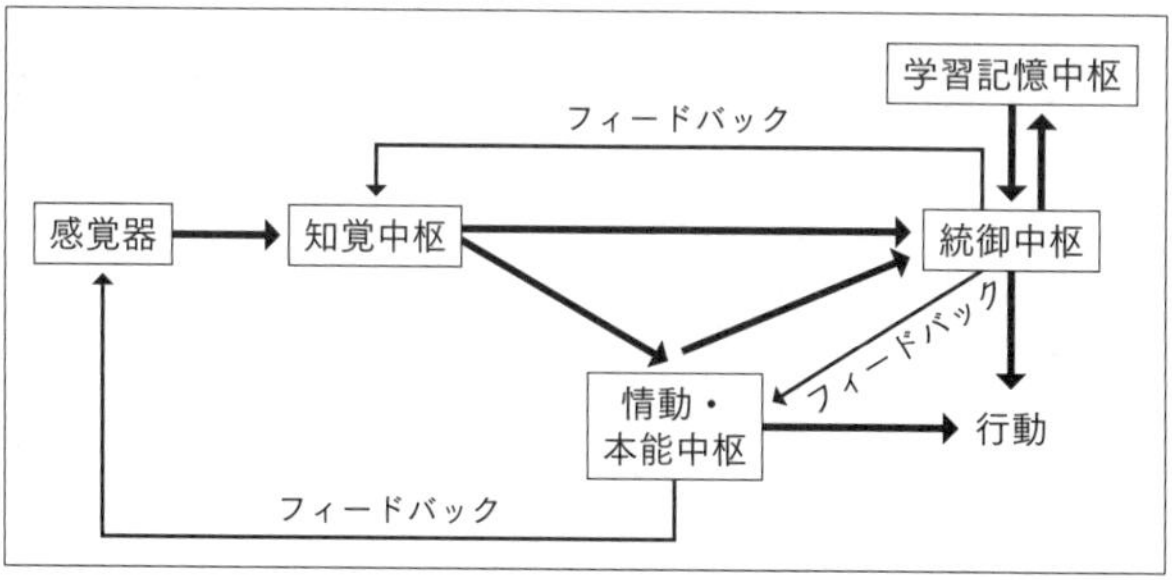

この模式図は、生理学者の考えからするならばきわめて単純化され、必ずしも今日の生理学的知見をすべて説明するものではない。しかし、一般的な概念図として私の考え方を示すためにあえてこの図を示すものである。おそらく、実際には多くの情報処理回路が複雑に情報交換を行いながら、全体として中枢的な機能を示している可能性が高い。中枢として1カ所の物理的場所が存在するのかどうかについても、未だ明らかではない。高度に集積した神経回路の集団が、中枢として機能している可能性が考えられる。

ック機構が働くことである（図3）。知覚中枢における情報変動の例として、神経を集中している時には他人から声をかけられてもまったく聞こえないということが挙げられる。これは、聴覚のシグナルが聴覚中枢にいっていないのではなく、中枢における情報処理がそのシグナルを排除しているせいだと思われる。さらには、最近、アッシャー症候群と呼ばれる遺伝病によって年齢と共に次第に視覚と聴覚が低下する患者を集めた面接研究成果では、視覚や聴覚が減退してほぼなくなるかわりに嗅覚が想像できないほど鋭《するど》くなるそうである。ヒトの嗅覚は一般には他の哺乳類《ほにゅうるい》よりも弱いと言われているが、これは末梢嗅覚器官が発達していないためではなく、中枢における情報制御に際して視覚・聴覚などの強い刺激によって嗅覚信号が押さえられているためなのかもしれない。

感覚器の感度も統御機能も遺伝子で規定される部分が大きい

すでに過去半世紀の分子生物学の成果により、生体を構成する分子はすべて遺伝情報によってその構造を決められていることが知られている。たとえば、ヒトは3色の色を識別する色覚を持っているが、実は個人それぞれによって微妙に色覚の違いがあることがわかっている。言うまでもなく、いわゆる色覚異常として赤色や緑色そのものを識別できない個体が約4％程度存在することはよく知られている。しかし、同じように3色を区別できても実際の色感受性、つまりどの波長を最も強く感じるかに関してはかなりの個体差がある。これは、色覚を感受する分子オプシンの構造に個体差があるからである。視覚ほどは研究は進んでいないが、味覚や聴覚においても個体差とその遺伝的支配が大きく、人により同じものを異なって知覚していることが明らかになっている。

さらに、より大きな問題は、このような末梢感覚器で感知された情報を認識する知覚中枢や情報統合中枢における個体差がどのくらいあるかという問題である。これに関しては、アメリカ国立科学財団を中心に行われた一卵性双生児を集めた研究がある。[17]生後間《ま》もなく養子に出され、まったく異なる環境で生育した約100組の一卵性双生児を選び、双生児の間で彼らの知能指数、脳波、何かを見たり聞いたりする時の心臓の動悸《どうき》の速さ、情報を処理したり反応する速さ、性格、習慣的な行動、宗教的な関心の強さなど多くの項目について詳細な研究が行われた。その結果、一卵性双生児の間では、これらの行動が驚くほど似ており、このレベルでの情報処理や基本的な行動様式には、遺伝的な背景が著しく強い影響を与えているということを示している。

しかしながら、このような研究から人間の考え方や行動がすべて遺伝的に支配され、人間の教育や経験で制御できる部分がきわめて少ないという結論に至るのは少し早計である。このような双生児の研究によって測定されている項目は、ほとんどが情動中枢から行動へと直接フィードバックするような、比較的低次の制御機能をみているように思われる。深い思考に基づいた行動様式や、自己制御などの部分は、どのような方法でこれを客観的に測定するのかということがまだ確立しているとは思われない。むしろ、この点に関しては教育者による長期的な観察や人類の長い歴史における経験則に基づいた判断をする以外にないのではあるまいか。先天的に短気な人は短気なりに、経験と訓練によってその行動や思考パターンをコントロールすることができる。基本的に楽天的な人はやはり楽天的であろうが、しかし、悲惨な経験の中で人間の悲しみを理解することが可能になり、他人の悲しみへの思いやりといった思考様式を獲得していくのであろう。

前項で述べたアッシャー症候群の患者のような経験的事実から、感覚器の感受性は遺伝的に規定されているにもかかわらず、感覚刺激の認識は情報統合中枢における情報制御によって後天的に制御できることが推測できる。このような現象に関しては、現在まで生物学的には、まったくと言っていいほど手がつけられておらず、また将来的にも、果たしていわゆる科学的な立場から定量的にとらえることが可能かどうかすら見当がついていない。この現象の現在における生物学的解釈は、ヒトの知覚情報の認識システムは遺伝的に規定されているが、大脳情報統御中枢において学習情報を加味した総合判定をし、その結果、知覚情報の強さや感受性を変動させ、行動や思考を統御しているとするものであろう。

第三章　生物学的見地からの永続的幸福感への道

安らぎの幸福感

これまで述べてきたように、単なる欲望の充足のみに応じた幸福感は、やがて飽きてかえって不幸をもたらす危険性があることを我々はすでに熟知している。一方で恐怖や不安感の除去は、このような麻痺状態を引き起こすことなく、心の安定した平和で静かな幸福感を与えることができる。しかし、不快感や恐れをまったく感じない人がいるであろうか。不安感の原因は無数にあると言ってよい。自己の能力、将来の生活、病気や死など数えればきりがない。隣近所との駐車や騒音をめぐる些細《ささい》なトラブルで殺傷事件に発展した例まである。孔子の教える「自分の欲せざることを人にするな」ということがどれほど困難なことか、競争社会の中でいやと言うほど知らされる。正《まさ》に食うか食われるかの競争社会に我々は生きている。

不安の種を不快と感じないためには、不快情報の制御によって不快中枢への入力を下げるか閾値を上げればよい。少々のことでは打ち砕《くだ》かれない大きな心とはそのようなことを言うのであろう。すでに述べたように情報制御は体験学習に負うところが大きい。情報統御中枢がパニックにならないように次第に困難な体験をして不快刺激に強くなるのが最も望ましいが、世の中そんなに都合良くはいかない。

しかし、昔から「かわいい子には旅をさせよ」とか「苦労は買って出ろ」と言われるのは、古人の体験的教訓である。もちろん戦争などの悲惨な社会的状況を引き起こさないことは大切であるが、一方で人の心の持ち方を整《ととの》えるためには困難なことを体験することが大切であることを先人は教えている。体験学習によって大脳中枢の高次情報統御を働かせ、些細な出来事で心の安定が乱されることがない精神状態を生み出すことができる。

　不快情報制御に成功した人は、少々の不快な出来事や悲惨な体験から早く立ち直り心の安定を取り戻すか、あるいは心に乱れさえ生じないのかもしれない。この状態こそ釈迦《しゃか》の悟りに近いものであろう。キリスト教や仏教（浄土真宗《じょうどしんしゅう》）で苦難の体験をしている人（悪人や貧しい人）こそ救われると説いているのは[18]、[19]、以上のような考察からも合理的である。また逆に、単に善人で悲惨な体験がない幸福な人には真の悟りを理解することは困難と言っているのもうなずける。つまり、まだ不快情報処理能力が十分に高くないので心の静けさの永続性に問題があると言っているのではなかろうか。

宗教の役割

　幸福の問題を考える時に宗教の役割を無視することは困難である。吉田民人教授が鋭く指摘されたように、宗教は基本的にすべての人のあらゆる悩みに解答を与えることが望まれている。特定の人の特別な不幸に対応するのではなく、すべての人に常に幸福感を与えられるものが世界中に普遍的に広がり得る宗教となる。宗教の効果のひとつの重要な側面は、情報統合中枢のシステムに影響を与えることではあるまいか。つまり、ある考え方を信じて、その思考様式を正しいと確信することによって、情報統合中枢の情報処理のパターンに一定の影響を与えることができるのではないか。キリスト教、仏教等に共通して見られる点は、宗教を信じることにより心が安定し不安を除くことができるということである。

宗教が生まれた当時の状況を考えるならば、不安感の解消こそ幸福への道であったことを容易に想像することができる。仏教が誕生した当時の北部インドの状況は繰返される戦乱と飢餓により、道端に死者累々の状況であったと言われている。このような状況で心を安らかにする考え方とは何であったのだろうか。この世が一時的なものであり、この世の状況が永遠に続くものではないこと、このような状況にあくせくと限りある人の力で立ち向かうのではなく、現状を受け入れ、やがて来たる次の時代に向けて心を落ち着けるという考え方は、おそらく不安感を軽減するのにきわめて有効であったと思われる。キリスト教においても、原罪という脅迫的不安感を認識した上で神の許しと神の自己犠牲的愛を感じることによって、人々の心は安らぎを得ることができる。周辺の軍事的に強大な民族からつねに圧迫されたユダヤ民族に、神から選ばれた民という安心感を与えたユダヤ教が生まれたのは自然の成り行きであろう。

宗教はおそらくこのような情報統合中枢における不安情報制御を巧《たく》みに自己操作するプログラムとして、人類の精神社会に大きな影響を与えてきたのではなかろうか。このような単純化が宗教の一側面だけをとらえているというのは当然の批判であり、またこのような分析は宗教の役割の重要性に言及するものでもない。

結論

幸福であるという自覚は多数の遺伝子によって規定される複雑な高次神経統御システムに依存しているが、その生物学的仕組みや遺伝子に関して、今日明らかになっていることはきわめて限られている。幸福を感じる生物学的な仕組みとして、欲望の充足に基づく快感の獲得と生命の恐怖に基づく不快（不安）感の除去との2つの要素があると考えられる。幸福感を永続的に実感するためには、生理的な不快感覚刺激があっても動じない心の安定に加えて、一般的に低次元と考えられている本能的欲求の充足（五感を通しての幸福感）を時折《ときおり》享受することも必要であろう。大切なことはルソーに従い、この刺激を飽和させないことである。また、時折、「人が耐えられる程度の不快な思いをすることも不快感の欠失による幸福感」を永続的に深く味わわせるのに有効ではなかろうか。

幸福感も相対的な感覚に基礎を置いていることを考えるならば、安定した状態の中での差を認識することが永続的な幸福を保証するものではないかと思われる。つまり、不快感のない安らかな心の状態に達した上で、時折の軽い不快感によってそのありがたみを確認し、時折の快感刺激によって人生の楽しみを実感することができれば最高の幸福だというのが、きわめて平凡な私の結論である。

文献

(1) 中村元訳『ブッダの真理のことば 感興のことば』より真理のことば204 岩波文庫 1978年
(2) 吉川幸次郎監修『中国古典選 論語』朝日文庫 1978年
(3) 久野収編『哲学の名著』毎日新聞社 1959年
(4) 新宮秀夫『幸福ということ――エネルギー社会工学の視点から』NHKブックス 1998年

（5）R.M. Beren, M.N. Levy編、板東武彦・小山省三監訳『生理学〔第３版〕』西村書店 １９９６年
（6）本郷利憲・廣重力・豊田順一・熊田衛編『標準生理学』医学書院 １９９６年
（7）田中美知太郎・藤沢令夫編『プラトン全集５ 饗宴』岩波書店 １９９８年
（8）宮田隆『眼が語る生物の進化』岩波科学ライブラリー37 １９９６年
（9）Friedman, J.M., Halaas, J.L., Leptin and the regulation of body weight in mammals, *Nature*, vol.395, pp.763-770, 1998
（10）Adolphs, R. *et al.*, The human amygdala in social judgment, *Nature*, vol.393, pp.470-474, 1998
（11）Morris, J.S. *et al.*, Conscious and unconscious emotional learning in the human amygdala, *Nature*, vol.393, pp.467-470, 1998
（12）Olds, M.E., Hypothalamic substrate for the positive reinforcing properties of morphine in the rat, *Brain Research*, vol.168, pp.351-360, 1979
（13）Olds, M.E., Williams, K. N., Self-Administration of D-Ala^2-Met-enkephalinamide at hypothalamic self-stimuration sites, *Brain Research*, vol.194, pp.155-170, 1980
（14）Esposite, R., Kornetsky, C., Morphine lowering of self-stimulation thresholds: lack of tolerance with long-term administration, *Science*, vol.195, pp.189-191, 1977

(15) Lefkowitz, R. J., G Protein-coupled receptors, *The Journal of Biological Chemistry*, vol.273, pp.18677-18680, 1998
(16) 津賀浩史、芳賀達也「ムスカリン受容体と受容体キナーゼ」『ＧＴＰ結合蛋白質』（実験医学増刊 Vol.14No.2） pp.159-162　１９９６年
(17) Bouchard, T. J. *et al.*, Sources of human psychological differences: the Minnesota study of twins reared apart, *Science*, vol.250, pp.223-228, 1990
(18) 『新約聖書』山上の垂訓（ルカ伝第６章、マタイ伝第５章）
(19) 金子大栄校注『歎異抄』岩波文庫　１９８９年

——国際高等研究所報告書『比較幸福学』（中川久定編／１９９９年刊行）より

ひょうたんから駒を生んだ、
私の幸せな人生

序

燃えさかる木の壁が目の前で焼け落ちた。私は、炎に包まれた家から息せき切って逃げ出す母の背中にいた。私は3歳半だったが、この時の情景は記憶に深く刻《きざ》まれており、今も鮮明に覚えている。〔太平洋〕戦争終結のわずか2週間前、1945年8月1日に富山市を襲った、アメリカ軍による一般市民を標的にした大空襲の時のことだ。私たちは燃え上がる近隣の家々の熱を避けるため、稲田の脇の溝《みぞ》に飛び込み、火から逃れた。私たちが身を隠していた庭先の防空壕に焼夷弾《しょうい》が落ちてきたのは、そのわずか数分前のこと。幸運にも爆弾は爆発しなかった。私は人生の早い時期、こんなにも小さい頃から、きわめて運が良かったのだ。

私は、太平洋戦争開戦から2カ月も経《た》たない1942年1月27日、京都で生まれた。わが家の祖先は、越中《えっちゅう》本庶郷本庄山専称寺《ほんじょうさんせんしょうじ》の僧侶である。かなり前のことだが、私が専称寺を訪れた際、紹介を受けるまでもなく、すぐに誰が親戚であるか見分けがついた。目、眉毛《まゆげ》、鼻、頬《ほお》が近親者たちとそっくりだったからである。

本庶邦之《ほんじょくにゆき》住職は、私たちを境内《けいだい》に案内したり、寺の起源について記された書物を見せてくれたりするなど歓迎してくれた。専称寺は1077年から1080年頃、当時の日本の首都であった京都での戦乱から後三条《ごさんじょう》天皇の第三皇子が逃れるのを手助けした、藤原五郎丸《ふじわらごろうまる》によって建立《こんりゅう》されたという。

私の父は、京都大学医学部附属病院で外科医として働いていた。のちに、宇部《うべ》市にある山口大学医学部の耳鼻咽喉《いんこう》科教授となり、1976年に引退するまで勤め上げている。父は、モントリオールのマギル大学とシカゴのノースウェスタン大学で数年間高度な外科手術を学んできた経験もあって英語が堪能であり、英語こそ身につけておくべき新たな世界共通語だと認識していたようだ。そのため、私は同級生たちより2年も早く、父が紹介してくれたハワイ生まれの日本人女性加藤《かとう》さんから英語を教わることとなり、のちのキャリアで役に立つコミュニケーション力を養《やしな》った。父は絵画をたしなみ、ゴルフの名手でもあった。私はどうやら運動神経は受け継いだが、芸術的センスは受け継がなかったようだ。それでも、私は絵画や音楽を好み、楽しんでいる。父は私をかなり厳しく育てたが、母はあたたかく見守ってくれた。母は私の永遠の女神である。母は私の命を救ってくれただけではなく、その慈《いつく》しみで、私の人となりを形作ってくれたのだ。(図4)

私がはじめて自然科学に魅了されたのは小学生の夏休み、宇部市の神原《かみはら》小学校の校庭において、小型天体望遠鏡で澄《す》み切った空に浮かぶ土星の小さな輪《わ》を観測した時である。以来、天文学の本を読みあさり、天文学者になろうと決心した。天文学への情熱は、野口英世《のぐちひでよ》——世界的に有名で型破《かたやぶ》りな微生物学者——の伝記を母からもらうまでの数年間続いた。彼は貧困や手に負った重度の火傷《やけど》という身体的な障害と闘いながら医師免許を取得し、24歳の時に、感染症研究の偉大な先駆者サイモン・フレクスナー博士に会うべくフィラデルフィアへ旅立った。サイモン博士は、のちにロックフェラー医学研究所で野口を雇《やと》っている。野口は、進行性麻痺が脳への梅毒感染で引き起こされるのを発見したことと、黄熱病《おうねつ》病原体への探求で有名である。のちに、彼はガーナで黄熱病にかかり亡くなっている。

図4 私の家族(1955年)

左から妹伸子《のぶこ》、父正一《しょういち》、母柳子《りゅうこ》、佑《たすく》

高校生活が終わりを迎える頃、私は将来進むべき道を決める必要に迫られたが、まだ何をすべきかわからなかった。ただ、会社員や公務員にはなりたくなかった。何か夢中になれることをしたかったのだ。対人コミュニケーションが得意だったから、法律家や外交官になることも考えたが、父だけでなく親戚の多くが臨床医だったため、医療関係がとても魅力的に感じられた。最終的に、私はこの伝統を受け継ぐことを選び、京都大学医学部を受験した。

医学部に入学した1960年前

後、1953年のDNAの二重らせん構造の発見、1964年のマーシャル・ニーレンバーグとフィリップ・レーダーによる遺伝子暗号トリプレットの解読など、生物学における革命を目撃していることを実感していた。父の山口大学時代の同僚である柴《しば》谷篤弘《たにあつひろ》先生の著書『生物学の革命』に大きな感銘を受けたのは、この頃のことだ。1960年に出版された同書には、驚くべき数々の予測が記されていた。たとえば、がんはDNAの突然変異の結果であり、自動DNA配列解読によってこれら突然変異が明確になれば、「分子手術」の発達によってDNAの欠損を修復できるようになり、最終的にがんを治せるだろう――というのだ。柴谷先生の途方もない想像力に、本を読んだその夜は眠れなかった。私はすっかり生化学と分子生物学の虜《とりこ》になってしまった。生化学と分子生物学によって、命とは何なのかがもっとよく理解できると確信した。

初期のトレーニング

私は、医学部で人体構造のラテン語名や原因不明のたくさんの病気の症状を暗記することに飽《あ》きてきたため、早石修《はやいしおさむ》教授の研究室で多くの時間を過ごし始めたが、これは、科学者のキャリアにとって幸運なことだった。早石教授は偉大な生化学者であり（オキシゲナーゼ酵素の発見者）、アメリカ国立衛生研究所（NIH）とセントルイスのワシントン大学での9年間におよぶ勤務から京都大学へ戻られたばかりだった。彼は生化学者でノーベル賞受賞者のアーサー・コーンバーグと一緒に仕事をしたことがあり、生涯を通じて親交があった。私は1967年から1971年まで、大学院の早石教授の研究室に熱心に通った。この時期も、そしてその後の人生においても、私は早石教授から科学だけでなく、のちに大きな喜びを与えてくれることとなったゴルフやワインなど、たくさんのことを教えていただいた。早石教授の研究室では、西塚《にしづか》泰美《やすとみ》先生の指導を受けた。西塚先生は、生きている細胞のエネルギー生成に不可欠なNAD（ニコチンアミド・アデニン・ジヌクレオチド）が、どのようにしてアミノ酸トリプトファンから合成されるかを解明したことで知られており、のちにタンパク質キナーゼCの発見とホルボールエステル（様々な植物に含まれる有機化合物）によるその制御を解明した。

確か1967年の夏だったと思うが、私は、ジフテリア毒素がタンパク質合成酵素EF-2を不活性化するためにはNADが必須であることを証明したジョン・コリアの興味深い論文を見つけた。これは、目を見張るような研究だった。というのも当時、毒素は細胞機構の成分と直接結合し、その活動を阻害することで機能すると考えられていたからだ。私は、ジフテリア毒素の機能にNADが不可欠な理由を突き止めたいという強い思いにかられた。幸運なことに、私はこの疑問に答えるのに最適な場所にいた。西塚先生のNAD合成経路の研究で作り出された、標識されたNADが利用できたからだ。私はすぐにジフテリア毒素がNADのADPリボース部分のEF-2への転移を促進する酵素であることを立証し、この研究成果を権威ある『ジャーナル・オブ・バイオロジカル・ケミストリー（Journal of Biological Chemistry）』誌に発表した（Honjo et al., 1968）。大学院生でありながら論文を発表したことで、私の自信は高まった。大学院での残りの2年間は残念ながら、科学的成果を出す機会を奪われてしまった。学生運動により、大学キャンパスが閉鎖されたからだ。私はすでに次なるステップを考えていた。先達《せんだつ》である指導教官たちや父にならい、海外の科学研究の場で自分を試そうと決めた。

私は、ボルチモアのカーネギー研究所で博士研究員として雇ってもらう機会に恵まれた。カーネギー研究所の美しい建物は、ジョンズ・ホプキンス大学ホームウッド・キャンパスの北西の角に隣接していた。渡米の約1年後、私の人生を変える出来事が起きた。ドナルド・ブラウンが免疫グロブリン（Ig）遺伝子の組成に関するセミナーをカーネギー研究所で行ったのだ。当時、免疫学者だけでなく、すべての生物学者が、動物たちが遭遇したほぼすべての外来抗原《こうげん》（病原体などの異物で、体内で抗体を作らせる物質）に対する特異抗体《こうたい》（病原体など異物が体内に入った時に反応する物質）を生み出す仕組みを見つけようとやっきになっていた。B細胞（＝Bリンパ球。抗体を作る細胞）によって作り出される抗体のはかりしれない多様性を説明するために、2つの有力な仮説が出されていた。ひとつは、抗体多様性の現象に関与する遺伝子がたくさんあるという、いわゆる「生殖細胞系列説」。もうひとつは、フランク・マクファーレン・バーネット卿が提唱した、免疫細胞内のDNA変異が、限られた数の遺伝子からリンパ球の多様化を生じさせるという「体細胞突然変異説」である。生殖細胞系列説の大きな課題は、Ｉｇ定常部遺伝子（Ｃ）に含まれる重要な情報構造を保持する一方、Ｉｇ可変部遺伝子（Ｖ）の個々のコピーがどうしてそこまで大きく異なるかを説明することだった。ドン〔ドナルド・ブラウン〕はリボソームＲＮＡ〔ｒＲＮＡ〕遺伝子の構造についての自《みずか》らの研究に基づき、Ｃ遺伝子の複数のコピーが、エラーを修復するために、Ｃ遺伝子の他のコピーとの頻繁《ひんぱん》な相同《そうどう》組換え〔ＤＮＡの塩基配列がよく似た部位で起こる遺伝子組換え〕によって保存されるのではないかと考え、この長年にわたる生物学の謎に分子生物学の技術でアプローチできるとした。私は、この問題に取り組むためにはどこが最も良いかドンに尋ねずにはいられなかった。彼はフィリップ・レーダー博士を薦《すす》めてくれ、３カ月後にフィル〔フィリップ・レーダー〕がカーネギー研究所でセミナーを開いた際、私は彼に会うことができた。フィルがＮＩＨの研究室に受け入れてくれた時から、私の分子免疫学の長い旅が始まったのだ。

フィルの研究室は、毎日が刺激的だった。研究室の壁には、生殖細胞系列説と体細胞突然変異説のどちらの学説が優勢かを指し示す矢印が貼ってあった。フィルが提案した戦略は、精製されたＩｇ軽鎖《けいさ》〔※軽鎖＝Ｌ鎖《さ》（Light-chain）〕メッセンジャーＲＮ

A〔mRNA〕から放射線でラベルしたcDNA〔相補《そうほ》DNA〕を合成し、ハイブリダイゼーション速度〔ラベルされたcDNAプローブがDNAと会合する時の速度〕によってL鎖C遺伝子の数を数えるというもの。これらラベルされたプローブが変性後に、L鎖C遺伝子の細胞内のすべてのDNAに再会合《さいかいごう》〔再び二重らせんを構築すること〕する速度が、ゲノムに存在するL鎖C遺伝子の数を反映するというわけだ。L鎖遺伝子のコピーはひとつだけ、あるいはごくわずかだけしかない——が私たちの結論だった。皮肉なことに、ドンが推《お》していた多様性を説明する生殖細胞系列説に反する結果となった。

日本に戻る

アメリカで4年近くを過ごした私はこの結果を得て、そろそろ日本へ戻ろうと思い始めた。フィルは、アメリカに留《とど》まるように助言してくれた。1974年当時、日本の大学には、最先端の分子生物学の研究ができる予算も、整《ととの》った施設もなかったからだ。私は、人生で二度目の大きな選択に迫られた。そして、最終的に日本へ戻る決断をした。ひとつは、幼《おさな》いわが子たち（ボルチモアで生まれたばかりの娘・仁子《やすこ》と5歳の息子・元《はじめ》）に、そのまま海外で暮らし続けたら失ってしまうであろう日本の様々な文化を経験させたかったこと。もうひとつは、指導教官だった早石教授がなされたように、分子生物学研究の力強い土壌を日本に育てたかったからである。その後、子供たちは順調に成長し、元は胃腸科専門医に、仁子は発生学者になったことは喜ばしい限りだ。とはいえ、私は典型的な仕事中毒の日本人亭主であり、彼らが成功したのも妻の滋子《しげこ》のおかげと感謝している。フィルは私の決断を受け入れてくれたうえ、親切にジェーン・コフィン・チャイルド・メモリアル基金から少額の助成金を受けられるようにしてくれた。その助成金は、私の東京大学での活動に役立った。彼はさらに、cDNAを生成するために必須の試薬《しやく》（化学実験のために作られた薬品）であり、当時は入手困難だった貴重なRNA逆転写酵素をたっぷり送ってくれた。

東京大学は、日本で最高の大学とされていた。しかし、インフラだけでなく科学的精神も、私が早石研究室で経験したものよりかなり遅れていた。フィルとの直接競合を避けるため、私は、IgG、IgE、IgAなど異なるクラスの抗体が免疫反応中にどのようにして作られるのかという、生物学の謎となっていたIg重鎖《じゅうさ》〔※重鎖＝H鎖《さ》（Heavy-chain）〕遺伝子の構造の研究に舵《かじ》を切った。問題ははっきりしていたものの、私は多くの技術的なハードルに直面した。〔ゲルを乾燥・保存する〕ゲルドライヤーのような基本的な器材ですら見つけるのが大変だった。タンパク質の視覚化に不可欠である、電気泳動ゲル用の真空乾燥装置を組み立てるのに必要な厚いゴム板やホースや網《あみ》を買うために、電子部品を売る店が多く集まる秋葉原《あきはばら》に行ったことを思い出す。のちに私の研究室で大学院課程を過ごすことになる何名かの優秀な医学部生が、授業のあとに自発的に私を手伝ってくれた。

興味深いデータが出るまでに3年近くかかった。驚いたことに、私たちは骨髄腫《こつずいしゅ》のDNAからガンマ鎖定常領域（C_γ）遺伝子が欠失していることを発見した。C_H遺伝子の欠失が、私たちが研究していた特定の骨髄腫に付随する現象なのかどうかを調べるために、NIHに勤務していた形質細胞がんの専門家マイケル・ポッターに、異なるIgクラスを作り出している骨髄腫細胞をさらに送ってもらった。そして、片岡徹《かたおかとおる》博士〔現・神戸大学名誉教授、63ページの図5〕と私は、多くの骨髄腫のDNAの

Cot《コット》曲線解析〔DNA配列の解析方法〕を行った。私は当時、横浜から東京まで片道90分かけて通勤していた。ある夜、帰宅途中の電車のなかで解析結果をじっくり眺めていると、C_H遺伝子の欠失が常にそれぞれ特定の骨肉腫《こつにくしゅ》に発現するC_H遺伝子の上流で起きることに気づいた。染色体上のC_H遺伝子の特定の順序を想定できたのだ。クラススイッチ組換え（CSR〔抗原刺激によってIgM以外のIgG、IgE、IgAなどの抗体を産生できるようにすること〕）のDNA欠失仮説モデルに到達した瞬間だった（Honjo and Kataoka, 1978）。私たちの研究は『ネイチャー（Nature）』誌の編集者ミランダ・ロバートソンにNews & Viewsで取り上げられ、私は小躍《こおど》りした。

私は1977年、長くもどかしい遺伝子クローニング〔特定の遺伝子を固定する〕技術のモラトリアムが解かれ実験を再開したフィルの研究室に3カ月ほど戻った。私はジョン・サイトマンの助けを借りて、すぐに分子クローニング技術によって精製したmRNAから$C_{\gamma1}$ cDNAを取り出すことに成功した。$C_{\gamma1}$遺伝子の配列を確立した時は興奮した。そして、ついに$C_{\gamma1}$鎖のそれぞれのドメイン〔タンパク質内のアミノ酸配列〕がタンパク質を産出しない非コードスペーサーで分けられていることを発見し

図5 東京大学の学生たち（1979年頃）

左から片岡《かたおか》 徹《とおる》、矢尾板《やおいた》芳郎《よしお》、高橋《たかはし》直樹《なおき》、川上《かわかみ》敏明《としあき》、清水《しみず》 章《あきら》

た。清水《しみず》章《あきら》博士〔現・京都大学大学院教授、図5〕たちが、マウスの染色体上にすべてのC_H遺伝子をマッピング〔染色体上の遺伝子の位置関係を決める〕してくれた。これまで提唱していた、抗体多様性を示すDNA欠失モデルが完璧に正しいことを証明できて、私たちはとてもうれしかった。次なる目標は、メカニズムを詳細に解明すること、特にCSRを触媒する酵素を特定することだった。

AIDへの旅

フィルの研究室から戻って5年後の1979年、私は大阪大学医学部に遺伝学教室教授として招かれた。このような重要な地位に若手の研究者を昇進させることは、日本では前例のないことだった。しかし、大阪での在任期間は短いものとなった。1984年、早石教授が京都大学を退官されたあとを引き継ぐよう、京都大学に呼び戻されたからだ。大阪時代のハイライトは、1982年にエルナ・メラーとイェラン・メラー博士主催のノーベル・シンポジウムに招待されたことである。そこで出会ったのがエバ・セベリンソンである。彼女はクラススイッチのためのマウスのヘルパーT細胞株〔※T細胞＝胸腺《きょうせん》由来のリンパ球〕を樹立して高感度実験用検出システムを構築しており、のちに彼女とはクラススイッチを誘導するサイトカイン〔細胞から分泌されるタンパク質であり、細胞間相互作用に関与する生理活性物質の総称〕をクローニングする共同研究を行った。両生類の卵母《らんぼ》細胞に完全長cDNAライブラリーを発現させることで、私たちはサイトカインIL-4とIL-5〔※IL（インターロイキン）＝免疫反応に関わるリンパ球の増殖や分裂を誘導する物質〕を発見し、これらがCSRだけではなくT細胞の分化にも重要であることがわかった。

1991年、私はNIHから招聘《しょうへい》研究員として招かれ、貴重な長期研究の機会を得た。1年間の給与とNIHキャンパス内の住居が提供され、大勢の科学者と交流することができた。私はNIHキャンパスでの生活を謳歌《おうか》し、細胞免疫学、特に免疫応答制御について先導的研究者だったウィリアム・ポール教授をはじめ、多くの免疫学者と語り合った。ある日、ウォーレン・ストローバー博士と、その同僚で京都大学から来ていた若月芳雄《わかつきよしお》博士〔現・北山武田病院長〕に会った。彼らは、試験管内で刺激を与えることにより、IgM抗体からIgA抗体へとスイッチする細胞株を持っているというのだ。私は、この細胞株こそ探していたCSRの誘導に関与する酵素を発見する手がかりになるとすぐに気づいた。2年間にわたって、効率的にスイッチする細胞クローンの選別を繰り返し、私たちはついにCD40リガンド〔※リガンドは後述〕とIL-4、TGF-β1で48時間刺激するとIgAを高頻度に発現させる細胞株（CH12F3）を分離した。

村松正道《むらまつまさみち》博士〔現・国立感染症研究所ウイルス第二部長、67ページの図6〕は、刺激前と刺激後のCH12F3細胞が発現するcDNAの違いを探し始めた。彼は、活性化されたB細胞だけに発現し、T細胞では発現しない、ある遺伝子に注目した。この遺伝子は、ＣＳＲが起きることが知られていたリンパ組織の活性部位である、胚《はい》中心のみで発現した。驚くべきことに、この遺伝子はＲＮＡ編集酵素ＡＰＯＢＥＣ１《アポベック》を含む、シチジンデアミナーゼファミリー〔※ファミリー＝一群〕の遺伝子に酷似していた。村松博士は実際に、微弱であるが、遊離シチジンに対するシチジンデアミナーゼ活性があったことを示した。私たちは１９９９年に『ジャーナル・オブ・バイオロジカル・ケミストリー』誌で活性化誘導シチジンデアミナーゼ（ＡＩＤ）遺伝子の分離を発表した。村松君には内緒だったが、「助ける」を意味する「ＡＩＤ」と自分の名前「佑（たすく）」をかけて、この遺伝子を「ＡＩＤ《エイド》（活性化誘導シチジンデアミナーゼ）」と名づけた。私たちは引き続き、マウスのＡＩＤ遺伝子を不活性化（ノックアウト＝ＫＯ）することで、その機能を調べた。そして２０００年の１月末までに、ＡＩＤ欠損動物にはＣＳＲとＳＨＭ〔体細胞突然変異〕の両方が欠けていることを示すことができた（Muramatsu et al., 2000）。

　私たちは、パリにあるネッカー小児病院のアン・デュランディとアラン・フィッシャーから共同研究を依頼されていた。彼らは高ＩｇＭ症候群２型（ＨＩＧＭⅡ）の患

図6 2013年、ミラノにおける国際免疫学会にて

左からシドニア・ファガラサン、筆者、村松正道《むらまつまさみち》

者さんたちの免疫不全の原因となる遺伝子を特定しようとしていた。彼らの血中IgM濃度はとても高く、クラススイッチに遺伝的な欠陥があることを強く示している。私たちはAID遺伝子を検出するためのプライマー〔DNA複製時の起点となる短鎖RNAまたはDNA〕をパリに送った。彼らはそれを用いて、すべてのHIGMⅡ患者さんのAID変異を特定し、さらにHIGMⅡ患者さんはSHMに欠陥があることも発見した。私たちはすぐに、AID欠損動物たちにもこのプロセスが欠けていることを確認した。まったく

予想外の結果だった。当時の常識では、SHMとCSRは異なる遺伝子によって引き起こされる、完全に異なる変異であるとされていたからだ。しかし、これらの発見は、AIDタンパク質だけが、免疫応答中の抗体遺伝子のこれら2つ〔SHMとCSR〕の重要な遺伝子変異の原因であることを示していた。私も含め、AIDに取り組んでいたグループ全体にとって、まさに「エウレカ（見つけたぞ！）」の瞬間だ。当時、京都大学医学部長だった私は、歩いたり座ったりできないほど、激しい腰痛に苦しめられていた。ひざまずいて進行中の実験や計画について話し合いをしている同僚たちの横で、私は教授室の床に寝そべってAIDの論文を執筆した。このように2000年は、肉体的な困難と自分の人生のなかで最もワクワクする科学的躍進の両方で、記憶に残る年となった。

私は、マウスと人間におけるAID欠損を説明する2本の原稿を『セル（Cell）』誌に送ったあと、2000年5月にシアトルで開催されたアメリカ免疫学会の年次総会で、この結果を発表した。講演は、多くの聴衆から受け入れられた。CSRとSHMの原因となる酵素を探し求めるゲームは終わったが、私たちにとっては、この小さ

図7　2014年、日本癌学会のJCA−CHAAO賞受賞記念パーティーにて

左から縣《あがた》 保年《やすとし》、石田《いしだ》靖雅《やすまさ》、岩井《いわい》佳子《よしこ》、岡崎《おかざき》拓《たく》、西村《にしむら》泰行《ひろゆき》

なタンパク質がどのようにして免疫細胞の２つの複雑な遺伝的変化を仲介するのかを見つけるための、次なる旅が始まった。

PD−1の発見、その機序と応用

クローン選択のメカニズム、すなわち、胸腺で発達中の未熟なT細胞がどのように選択されるかが、免疫学のもうひとつの大きな謎だった。私の研究室では、石田《いしだ》靖雅《やすまさ》君〔現・奈良先端科学技術大学院大学准教授、図７〕が胸腺T細胞の選択に関与する分子の特定に努力し、胸腺の成長中の細胞と死にゆく細胞で遺伝子発現を比較することを提案した。１９９１年５月、彼はこの手法を用いて、このプロセス中に発現した遺伝子を特定し、私たちはそれを「ＰＤ《ピーディー》（＝Programmed cell death〔プログラム細胞死〕）‐１《ワン》」と名づけた（Ishida et al., 1992）。遺伝子配列から予測された構造は、ＰＤ‐１が表面受容体タンパク質であり、リンパ球活性化に関わる既知の受容体分子とは異なっているものの、それに関連していることを示していた。

そこで、私はこのタンパク質の免疫細胞における役割を見つけることに着目すべきと考えた。１９９４年６月、西村泰行《にしむらひろゆき》君〔現・和歌山県立医科大学先端医学研究所教授、69ページの図７〕は遺伝的背景を混ぜ合わせたノックアウト（ＫＯ）マウスを作り出したが、残念ながら、このノックアウトマウスは対照となる野生型のマウスと大きな変化がなかった。幸いなことに、同じ医学部に在籍されていた、経験豊かで知識豊富な腫瘍《しゅよう》免疫学者の湊長博《みなとながひろ》先生〔現・京都大学副学長、図８〕が、ＰＤ‐１ノックアウトマウスを種々の純系マウスと交配させて遺伝的背景の均一な個体群を作り出し、そのマウスを観察してみてはどうかと助言してくれた。湊先生のアドバイスのおかげで、１９９７年11月までに、ＰＤ‐１ノックアウトマウスと自己免疫疾患を起こしやすいlpr／lpr系をかけ合わせると、ＰＤ‐１欠損によって生後５カ月で関節炎と腎炎《じんえん》が引き

図8 2000年、湊《みなと》 長博《ながひろ》研究室のメンバー

左から湊長博、服部正和《はっとりまさかず》、田中義正《たなかよしまさ》

起こされることが観測できた。モニタリングを続けていくと、遺伝的背景がC57BL／6NでのPD-1欠損が生後14カ月で同様の自己免疫症状を発症することもわかった。これらの発見により、私たちはPD-1が免疫系の負《ふ》の調節因子であるという確信を得た(Nishimura et al., 1999)。PD-1ノックアウトマウスで発生する自己免疫疾患は、4～5週以内にすべての死亡が報告されるCTLA-4ノックアウトマウスよりも軽度であった。CTLA-4は、ピエール・ゴルシュタインが最初に発見し、ジェフリー・ブルーストーン、クレッグ・トンプソン、ジム・アリソン〔2018年、ノーベル生理学・医学賞を筆者と

共同受賞）、タク・マク（麥德華）、アーリン・シャープが負の免疫受容体であることを示した。PD−1ノックアウトマウスの比較的軽くて慢性的な症状は、PD−1が安全に病気の治療に使えることを意味していた。私たちは1998年3月頃、がんや感染症や自己免疫疾患、移植された臓器の拒絶反応といった、免疫制御の欠陥を特徴とする様々な疾患への治療としてPD−1を標的にする実験を開始した。PD−1を阻害するほうが、機能を強化するよりも簡単であると考え、がんに対する免疫反応を高めることを最初の目標とした。岩井佳子《いわいよしこ》君〔現・日本医科大学大学院教授、69ページの図7〕が、治療用途でPD−1を利用する方法を見つける研究を始め、多くの試薬と実験システムを作り出した。

PD−1の発見以来、私たちはPD−1に結合するパートナー、つまりリガンドが存在するだろうと予測していた（Ishida et al., 1992）。1998年9月17日、私たちはPD−1のリガンドの同定に関する問題について、〔ボストンの〕GIのスティーブ・クラーク所長と話をした。彼は、GIのビアコア〔分子間相互作用解析装置〕を使って、様々な培養《ばいよう》細胞の培養上清《じょうせい》中のPD−1リガンドをスクリーニング〔選別〕することを提案した。私は、その協力に同意し、試薬だけでなくPD－1についてのすべての知識を提供した。彼らにとって、まったく未知の分子だったからだ。私たちはその間、人工PD－1－Ig融合タンパク質に結合する分子を探し、PD－1リガンドを特定しようとした。一部のがん細胞を含む、様々な細胞タイプへのPD－1－Igタンパク質の結合をはっきりと検出したが、微量の結合タンパク質を精製、または同定することはできなかった。1999年10月5日、1年間の沈黙を破り、スティーブのもとでプロジェクトの責任者を務めていたクライブ・ウッドから、PD－1リガンドを特定したかもしれないという連絡が入った。そして1999年10月25日、共同研究者であるダナ・ファーバーがん研究所のゴードン・フリーマンが、公開されているデータベースからB7ファミリーのcDNAをいくつか特定し、そのうちのひとつ、クローン292から産生されるタンパク質が、私たちの研究室から送ったPD－1発現細胞に結合することを、クライブの研究グループが発見したとの説明をボストンで受けた。私たちは日本で、292タンパク質のPD－1への結合を確認し、その免疫抑制機能を示す実験を行った。私たちは、共同でPD－1リガンド（PD－L1）を特定したことを論文に発表した（Freeman et al., 2000）。私は論文を提出する直前、その受容体の存在を知らないまま、この同じｃＤＮＡを共刺激活性を持つＢ７ファミリーとして説明する論文をリーピン・チェン博士が発表したことを知った（Dong et al., 1999）。

私たちはその間も、ＰＤ－１阻害によってがんを治療することを目的とした研究を続けていた。２０００年９月、ＰＤ－Ｌ１を発現する骨髄腫の増殖は、ＰＤ－１欠損マウスに移植した時のほうが野生型マウスの場合よりもゆっくり成長することを岩井君が見つけた。私はとても興奮し、ＰＤ－１ががん治療の最適な標的となることを確信した。ＰＤ－１やＰＤ－Ｌ１に対する優れた遮断抗体が必要だったので、私は湊先生にその目標に向けた共同作業を急いでもらうよう要請した。湊先生のグループは、すでにＰＤ－１かＰＤ－Ｌ１のどちらかを効果的に遮断できる抗体を探していた。湊研究室の田中義正《たなかよしまさ》博士〔現・長崎大学先端創薬イノベーションセンター教授、71ページの図８〕はこのプロジェクトに熱心に取り組み、２００１年末までに、ＰＤ－Ｌ１抗体によるＰＤ－１阻害がマウスモデルで様々な種類の腫瘍の増殖を阻止できることを証明する十分なデータが集まった（Iwai et al., 2002）。私のグループでは、Ｂ16メラノーマ〔※

メラノーマ＝悪性黒色腫《こくしょくしゅ》）の脾臓《ひぞう》から肝臓への転移も、抗ＰＤ‐１抗体治療によって防げることを岩井君が示した（Iwai et al., 2005）。

ＰＤ‐Ｌ１の単離に関する論文を準備中に、特許出願をどのようにするかをクライブ・ウッドに問い合わせると、ウッドとゴードンは私には内緒で１９９９年11月にすでにＰＤ‐Ｌ１とその使用法に関する特許を申請していたことを知らされた。私は驚き、弁護士を通じて苦情を申し立てたが、無駄だった。結局、ウッドの特許申請は却下された。その使用法を裏づける十分なデータが揃っていなかったからであろう。しかし、さらに不愉快な驚きが待っていた。私たちがＰＤ‐１阻害に関する論文を発表して10年以上も経《た》ってから、フリーマンとウッドが我々のＰＤ‐１がん免疫療法特許の共同発明者であると主張して、私を訴えてきたのだ。知的財産権に関する、この疲弊する法廷闘争は、いまだに決着がついていない。私は、ＰＤ‐１の治療的価値をどのようにして発見するに至ったかを明確にしておきたいという願いから、こうして正確に、時系列にこだわって記述しているわけだ。

治療への応用

私はPD-1阻害による腫瘍治療の発見が臨床に応用できると期待し、がん治療にPD-1阻害を利用する知的財産権を申請してもらおうと京都大学に掛け合った。もどかしいことに、彼らには私をサポートするための人材も資金も不足していたので、自力でやることを勧められた。そこで、私は他の共同研究で関わったことのある小さな日本企業、小野薬品工業株式会社に特許の共同出願人となってもらった。ところが、小野薬品工業もまた、抗がん剤開発の臨床試験を行う余力がなく、彼らは大きな提携先を探し始めた。彼らはほぼ1年をかけて十数社を訪ねてまわったが、どこからも良い返事はもらえなかった。この時点では製薬業界も臨床医も、多くの生物学者も、免疫系を高めることががんの治療に役立つとは考えていなかった。私は小野薬品工業からプロジェクトの断念を告げられて、ひどく失望した。しかたなく私は、自分の会社を立ち上げていたアメリカにいる友人たち――のネットワークを頼ることに決めた。

シアトルにあるベンチャー企業のひとつを訪ねると、驚いたことに、小野薬品工業を今後の開発から除外するという条件で、すぐに出資することを承知してくれた。私は、シアトルのパートナー企業との提携前に、小野薬品工業が私たちの特許を単独で使用するつもりがないことを確認するため数カ月待った。やがて突然、小野薬品工業がPD-1治療薬の開発に投資する財源が用意できたと知らせてきた。あとでわかったことだが、ニルス・ロンバーグが率いるバイオ製薬会社メダレックスが、公開された私たちのPCT特許出願を見つけ、小野薬品工業に直接、共同開発を持ちかけてきたのだ。私はまたもや、とんでもなく運が良かった。この偶然の出会いがなければ、PD-1抗がん剤の開発は何年も遅れたかもしれない。

2012年にスザンヌ・トパリアンのグループが発表したPD-1抗体の最初の臨床試験（フェーズI）をまとめた論文では、末期のメラノーマ、肺がん、腎臓がんの患者さんのおよそ20～30%に完全奏効、または部分奏効が見られるなど、とても期待できる数値を示していた。さらに、患者さんたちは治療停止後1年以上も前例のない良好な健康状態を維持していた。日本では、京都大学医学部附属病院の産科婦人科と共同で、薬剤耐性の卵巣がん患者さんへの小規模な臨床試験を行った。PD-1阻害療法で大きな腫瘍が完治した患者さんについて聞き、さらにこの画期的な薬を取り上げたテレビ番組で患者さんたちがゴルフを楽しんでいる姿を見て、本当にうれしく思った。PD-1抗体で1年間の治療を受けた2人の患者さんは、ほぼ5年経過しても再発していない。日本では2014年、PD-1抗体によるメラノーマの治療がPMDA（医薬品医療機器総合機構）に承認され、アメリカでもすぐにFDA（アメリカ食品医薬品局）が続いた。

科学メディア

2013年、『サイエンス（Science）』誌は、がん免疫療法をその年最大の科学的ブレークスルーに選んだ。その記事の執筆者は、ジム・アリソンによるCTLA-4を標的とした治療法の開発について詳細に説明していた。ところが、この記事は「1990年代はじめ、日本の生物学者が死にかけているT細胞に発現した分子を発見し、それをプログラム細胞死1、すなわちPD-1と呼び、T細胞の別のブレーキだと証明した。しかし、**彼はがんのことなど考えていなかったが、他の人は考えてい**

た」と続いており、私はショックを受け、言葉を失った！　がん免疫療法について報告している『サイエンス』のこの編集者は明らかに、ＰＤ－１阻害によるがん治療に関する私たちの論文を読んでいないか、意図的に無視したかのどちらかなのだ（Iwai et al., 2002, 2005）。

この記事は、昨今の科学ジャーナリズムの状況を象徴している。科学者は『サイエンス』『ネイチャー』『セル』のような、いわゆるトップジャーナルに論文を発表したがる。これらの雑誌によって、同僚や資金提供者に評価されるからだ。私が研究者になった頃、ミランダ・ロバートソン、ピーター・ニューマーク、ベン・ルウィン、リンダ・ミラーといった、これらの雑誌の編集者は知識が豊富で信頼でき、研究に対して心から関心を寄せていた。私は、彼らが科学の重要性を理解できる知識を持ち、研《けん》鑽《さん》を積んでいることを確信していたので、原稿を送るのがうれしかった。しかし最近では、雑誌の数が膨大になったためか、状況が変わってしまったようだ。編集者が自身の判断ではなく、様々な意見を持った外部のレビュアーの多数決に頼った場合、パラダイムシフトをもたらすような論文が発表されるのは難しくなる。多数派が抱いている概念と対立してしまうからだ。ノーベル委員会が引用した私の論文が、ひとつとしてこうしたいわゆるトップジャーナルに掲載されていないことは注目に値する。現行の査読システムは、科学コミュニティで確立された定説と逆行する、新たな概念や新発見を拒絶する傾向にあるのだ。

科学における6つの「C」

私はいつも学生たちに、科学を追究していくうえで6つの「C」が大切であると話している。まず、好奇心（Curiosity）がないなら、科学の道を選ぶべきではない。科学者にも様々なタイプがあるが、自分が本当に知りたいことは何なのかを見つけることが重要である。研究とは、神秘的な川の源流を見つけるために山奥へと分け入っていく旅のようなもの。その途上で興味深い石を発見して、持ち帰って調べたらとても貴重なものだったということもある。私の流儀は、まったく知られていないものを見つけること、つまり水が流れている未知の洞窟へと続く、まったく新しいルートを発見することである。そのためには、自分が何をできるのかではなく、何を知りたいのかを問い続けるべきだ。また、挑戦（Challenge）を続け、努力と時間を惜《お》しまない勇気（Courage）を持たねばならない。これら3つの「C」こそ、私の研究生活の基盤だった。目標を定めたら、さらに3つの「C」が必要となる。当然のことだが、集中（Concentration）して、研究を継続（Continue）しなければならない。集中するとは、時には他の大切なものを犠牲にして目標に取り組み、人生の中心に研究を置くということだ。集中し、継続するには、自分にはそれができるのだという自信（Confidence）も必要だろう。あるいは、逆に、集中し継続することによって自信が築かれるのかもしれない。これら3つの「C」も、先ほどの3つの「C」と同じくらい大切である。

夢

76歳の私には、科学者としての活動とは別に2つの夢がある。若い世代が支援を強く求める現状のなか、私は、日本の大学は若い科学者を支援する独自の基金を設立すべきであると長年考えてきた。寄付金が多いアメリカの大学と比べて、日本の大学は政府の資金に頼っている。日本政府からの科学予算は将来的に期待できないため、私は京都大学にPD－1特許からの使用料をもとに基金を立ち上げることを提案した。幸いなことに、この基金にはすでに寄付が集まり始めている。次の世代の研究者たちの熱意を絶《た》やさせないために、みなさんがこの取り組みに参加してくださることを心から願っている。人間の創造力が最大の資源である日本では、喫緊《きっきん》の課題である。

もうひとつの夢は、ゴルフで自分の年齢と同じスコアを出すエイジ・シュートを達成することである。ゴルフを始めたのは、アメリカに住んでいた頃のこと。グリーンフィーがたったの5ドルだったので、貧しい博士研究員でも簡単に払うことができた。もしかすると、私がゴルフを好むのは、科学と似ているからかもしれない。ショットごとに与えられる条件が異なり、どの方向に、どれくらい飛ばせばよいか、グリーンに止めるためにスピンはかけるべきなのか、などを考える必要がある。最も重要なことは、大きなミスを避けること。これは、チームスポーツや点を競い合うスポーツとはまったく異なる。ゴルフでは、多くのショットへのアプローチから常にひとつを選ばなければならず、その判断は自分に委《ゆだ》ねられている。このように好奇心が刺激されるから、この挑戦しがいのあるスポーツに、こんなにも惹《ひ》かれるのかもしれない。80歳までに、自分の年齢と同じスコアを達成することが私の夢である。

結び

私の2つのお気に入りの分子、PD‐1とAIDの協調作用の研究は、長年の共同研究者でもあるルーマニア人科学者シドニア・ファガラサン博士〔現・理化学研究所生命医科学研究センター粘膜免疫研究チーム チームリーダー、67ページの図6〕によって、今後も続いていくだろう。彼女は、最初に私の研究室で、そしてその後の研究によって、PD‐1とAIDが、微生物叢《そう》を調節する腸管IgAの生成と選択に不可欠な分子であることを明らかにした。微生物叢は逆にAIDとPD‐1とIgAの発現を促進することによって免疫系を制御し、この制御が微生物叢と自己に対する免疫寛《かん》容《よう》、代謝《たいしゃ》バランス、さらには脳の機能を維持するには不可欠である。ファガラサン博士は、AID欠損マウスを用いて、調節不全の腸内細菌叢が宿主《しゅくしゅ》の免疫系を大きく変えることを示した最初の科学者となった（Fagarasan, 2002）。私のお気に入りの2つの分子が、免疫システムや微生物叢を制御したり、抗がん作用を微調整したりすることが明らかになってきた。これほど魅惑的な方法で協働するとは、なんと予期せぬ喜びだろう！　この2つの分子に関わることだけでさえ、生理システムの全貌を明らかにすることは不可能であろう。これらの分子は、身体の他の主要な生理学的システムに広範囲な影響をおよぼしているからだ。目覚ましく進歩したとはいえ、私たちの生命科学への探検は始まったばかりであり、実際、私たちは生物学や生理学についてまだまだわずかしか理解していない。結局、医学は重大問題の解決という点では躍進を遂げてきたが、生理学に関しては、身体の複雑性の前に謙虚にならざるをえない。過去4億6000万年にわたって続いてきた進化の実験を解読しているようなものだ。私は毎日、生理学的システムにおける免疫調節について、もっと知りたいという意欲にあふれて研究室に行く。いつの日か、免疫療法でこの地球上のあらゆるところにいるがん患者さんを治すことが可能になることを夢見ているのだ。

謝辞

執筆にあたり、シドニア・ファガラサン、アレクシス・フォーゲルザン、ブレイク・トンプソン、小林牧《こばやしまき》〔京都大学大学院特定准教授〕から貴重な助言をいただいたことに、深く感謝する。

参考文献

Dong, H., Zhu, G., Tamada, K., and Chen, L.（1999）. B7-H1, a third member of the B7 family, co-stimulates T-cell proliferation and interleukin-10 secretion. *Nature Medicine* 5, 1365-1369.

Fagarasan, S., Muramatsu, M., Suzuki, K., Nagaoka, H., Hiai, H., and Honjo, T.（2002）. Critical roles of activation-induced cytidine deaminase in the homeostasis of gut flora. *Science* 298, 1424-1427.

Freeman, G. J., Long, A. J., Iwai, Y., Bourque, K., Chernova, T., Nishimura, H., Fitz, L. J., Malenkovich, N., Okazaki, T., Byrne, M. C., Horton, H. F., Fouser, L., Carter, L., Ling, V., Bowman, M. R., Carreno, B. M., Collins, M., Wood, C. R., and Honjo, T.（2000）. Engagement of the PD-1 immunoinhibitory receptor by a novel B7 family member leads to negative regulation of lymphocyte activation. *The Journal of Experimental Medicine* 192,

1027-1034.

Honjo, T., Nishizuka, Y., Hayaishi, O., and Kato, I. (1968). Diphtheria toxin-dependent adenosine diphosphate ribosylation of aminoacyl transferase II and inhibition of protein synthesis. *The Journal of Biological Chemistry* 243, 3553-3555.

Honjo, T., and Kataoka, T. (1978). Organization of immunoglobulin heavy chain genes and allelic deletion model. *Proceedings of the National Academy of Sciences of the United States of America* 75, 2140-2144.

Ishida, Y., Agata, Y., Shibahara, K., and Honjo, T. (1992). Induced expression of PD-1, a novel member of the immunoglobulin gene superfamily, upon programmed cell death. *The EMBO Journal* 11, 3887-3895.

Iwai, Y., Ishida, M., Tanaka, Y., Okazaki, T., Honjo, T., and Minato, N. (2002). Involvement of PD-L1 on tumor cells in the escape from host immune system and tumor immunotherapy by PD-L1 blockade. *Proceedings of National Academy of Sciences of the United States of America* 99, 12293-12297.

Iwai, Y., Terawaki, S., and Honjo, T. (2005). PD-1 blockade inhibits hematogenous spread of poorly immunogenic tumor cells by enhanced recruitment of effector T cells. *International Immunology* 17, 133-144.

Muramatsu, M., Kinoshita, K., Fagarasan, S., Yamada, S., Shinkai, Y., and Honjo, T. (2000). Class switch recombination and hypermutation require activation-induced cytidine deaminase (AID), a potential RNA editing enzyme. *Cell* 102, 553-563.

Nishimura, H., Nose, M., Hiai, H., Minato, N., and Honjo, T. (1999). Development of lupus-like autoimmune diseases by disruption of the PD-1 gene encoding an ITIM motif-carrying immunoreceptor. *Immunity* 11, 141-151.

——２０１８年ノーベル生理学・医学賞受賞記念講演「Biography」より（訳／竹内 薫）

獲得免疫の思いがけない幸運

はじめに

長い間、生物学は自然科学のなかで下位に置かれていた。物理学と異なり、演繹《えんえき》的推論で生物学的問題を解けないからである。私が生物学の道に足を踏み入れた半世紀近く前から、生物学は謎に満ちあふれていた。生物学の基本原理は物理学の法則に根ざすが、生物系は途方もない数のパラメーター〔介在変数〕から生じる桁外《けたはず》れに重層的な複雑さが、美しい魔法のようにからみあって制御され、私たちが生命と呼ぶものを作り上げている。逆説的に見えるが、私たち人間のゲノムはたった2万個という、かなり限られた数のコード領域〔タンパク質に翻訳される領域〕で成り立っている。しかしながら、単一のコード遺伝子から多くの転写産物が生成できるため、単一の遺伝子が多くのタンパク質を作り出すことができる。さらに、ゲノムの中には、コード遺伝子の発現に影響を与えると思われる、はるかに多くの非コード転写産物がある。D

NA、RNAとタンパク質は、メチル化やリン酸化、アセチル化によって化学装飾されうる。加えて、私たちの血液中には少なくとも2万個の代謝物が循環している。このような代謝物もまた細胞によって感知され、様々なタンパク質と相互作用して遺伝子の発現に影響をおよぼし、とてつもなく複雑な調節メカニズムを作り出し、ホメオスタシス（恒常性）を獲得している。代謝産物は、私たちの細胞の生化学的変化だけでなく、身体の内外の表面にくまなく生息する、多様な微生物群にも由来している。およそ10の13乗個の、私たちの細胞のそれぞれが異なるタンパク質を発現し、異なる代謝産物を含み、異なる代謝状態にある10の14乗個の微生物細胞と絶《た》え間《ま》なくやりとりしている様《さま》を想像してほしい。私たちの生体系の複雑さは、宇宙の物理学的・化学的な複雑さをはるかに凌《りょう》駕《が》していることがわかるだろう。医学者の使命は、健康な状態と病気を理解するために、この圧倒的な複雑さを解読することである。遺伝子発現がどうやって制御されているのか、まだ完全にわかっているわけではない。端的に言えば、生物学で求められている2つの大きな問いは、多様でありながらきわめて特異的なシステムのメカニズムはどのようなものか、そしてそのようなシステムはどう制御されているか、である。生体調節は安全対策として弾力性を備え、強靭《きょうじん》にできている。われわれは、大腸菌や酵母《こうぼ》など単細胞生物についてさえ、いまだ完全には理解できておらず、ヒトのような多細胞生物の調節システムはとてつもない特異性だけでなく、多層からなる機能的な弾力性を備えた、きわめて複雑なものである。

免疫系は、最もよく研究されている哺乳類の統合調節システムのひとつであろう。様々な活性化段階にある多くの免疫細胞は、細胞の直接的な相互作用、あるいはサイトカインやその受容体など、液性因子を介するコミュニケーションを通じて、特定の役割を果たしている。免疫学は興味深く魅力的ではあるが、免疫学者の言説が他の生物学者から誤解されがちなのは、特殊な科学用語を使うからだろう。その良い例が、ヒト白血球の細胞表面に存在する分子に結合するモノクローナル抗体〔=単クローン抗体。抗原の特定の部位に反応する均一な抗体〕の国際分類である。もちろん、これは必要なものだが、きわめて限られた分野でしか使われず、混乱も生じさせている。さらに、先天性および後天性の免疫系の調節メカニズムの複雑な仮説と概念的枠組みも、よほど免疫学が好きでなければ難解と感じるだろう。獲得免疫（後天的免疫）は、私たちの進化の後期に出現した。したがって、獲得免疫に関わるシステムは、神経系や内分泌系といった、他で機能している既存のすべての調節システムを活用している。このように免疫系は、進化の過程で生体系が獲得したきわめて精巧な調節ネットワークと、はかりしれない特異性を研究するには、理想的な生体システムである。

私は生化学と分子生物学でトレーニングを積んだあとに、免疫系の研究を始めたが、その頃は免疫学者が分子そのものではなく、免疫の機能的側面に関心を寄せており、大いに不安を感じたものだ。一例を挙げれば、この時代には多くの免疫学者が、血清《けっせい》をひとくくりにして「抗体」という用語で呼んでいた。それぞれの血清には何百ものタンパク質が含まれており、抗体ではないものもあったというのに！　とはいえ、免疫学の問題に取り組むには最適な分子生物学的手法が出現したため、この分野の劇的な変化を間近《まぢか》に見ることができた。分子生物学に高価な化学分析システムが用いられるようになり、それを応用して免疫機能の分子メカニズムの解明が容易になった時期に研究生活を始めることができた私は、とても幸運だった。免疫学における最も重要な問いは、(a)獲得された免疫系は、私たちの身体にとって異物である無数の微生物や物質を区別するための膨大な多様性をどのように生成するのか、(b)この桁外れに複雑な認識システムは、自己と非自己をどのように識別するのか、だった。これら免疫学の主要な課題は、生物は高度に特異的でありながら、どのように強靭で制御可能かつ膨大な反応を可能にしているのかという、生物学の中核的な課題でもある。

免疫グロブリンの多様性

人工合成有機化合物のほぼすべてが、タンパク質に結合させると特定の抗体、すなわち免疫グロブリン（Ig）の生成を動物のB細胞に誘導することがわかり、カール・ラントシュタイナーは驚愕《きょうがく》した。そして、このように多様な抗体のレパートリーを生成するためにはいくつのIg遺伝子が存在するのか、という疑問が生まれた。1970年頃には、ロドニー・ポーターやジェラルド・エデルマンら多くの科学者の努力によって、ジスルフィド結合〔S-S結合〕でつながる2つの同一の軽鎖（L鎖）と2つの重鎖（H鎖）からなる、IgGのような典型的な抗体の構造が解明された（Edelman, 1959; Porter, 1959）。フランク・パトナム（Titani et al., 1965）、エデルマンの同僚だったノーバート・ヒルシュマンとライマン・クレイグ（Hilschmann et al., 1965）が、ヒトのL鎖には2つのはっきり区別された領域、すなわちN末端の可変部（V領域）とC末端の定常部（C領域）があることを発見した。次に生じる疑問は、V遺伝子とC遺伝子の数である。V遺伝子とC遺伝子はいくつあるのか？　V遺伝子とC遺伝子の数は同じなのか、それともV遺伝子が多くC遺伝子が少ないのか？　そして、抗体の膨大な多様性を説明するために、2つの有力な仮説が提案された。そのひとつ「生殖細胞系列説」は、抗体の多様性の原因となる遺伝子は1000個ほどあるとするものだ。もうひとつは、フランク・マクファーレン・バーネット卿が提案した「体細胞突然変異説」である。限られた数の受け継がれた遺伝子から始まるリンパ球のレパートリーが膨大な多様性を生むには、体細胞の突然変異が関与しているだろうという主張だ。この議論は免疫学者だけでなく、生物学者たちの注目も集めた。

早石修（96ページの図9）研究室で博士号（Ph.D）を取得した私は、博士研究員としてアメリカに赴任した。そして1972年、私はカーネギー研究所発生学部門に所属していたドナルド・ブラウン（97ページの図10）の講義をボルチモアで聴いた。彼は、生殖細胞系列説を支持する勇気あるアイディア——動物が多数のＶ遺伝子とＣ遺伝子を持つと仮定——を提案していた。

図9 早石《はやいし》修《おさむ》先生

1996年頃、右は筆者

つまり、Ｖ配列とＣ配列のセットが１００回以上繰り返されているとするならば、生殖細胞系列説の主要な疑問は、Ｖ配列が変化に富《と》むにもかかわらず、Ｖ配列に挟まれたＣ配列の多くが一定であるメカニズムは何か、である。同じ遺伝子の多くのコピーがある場合、Ｃ遺伝子のそれぞれのコピーの進化的淘汰《とうた》の圧力は非常に弱くなるはずだからだ。ドンは、頻繁な相同組換えが遺伝的変異を修復してＩｇＣ遺伝子の大量のコピーを維持するのではないか、と唱えたのである。こ

図10 ドナルド・ブラウン先生

1971年、ボルチモアのカーネギー研究所にて筆者(左)と

のアイディアは、リボソームRNA〔rRNA〕や5SRNA遺伝子の構造についての彼自身の研究から生まれたものだ。rRNAと5SRNA遺伝子は両方とも、スペーサー〔転写されない領域〕とRNAコード領域からなる単位が反復しており、交互にならぶVとCの領域配列が反復することと対応している(Brown et al., 1968)。rRNA遺伝子座で1組のスペーサーとコード領域が1000回近く縦列反復するが、これは相同組換えの頻度が高いと思われるテロメア〔染色体の末端領域〕の近くに多く分布する。

私は、このセミナーに稲妻のような衝撃を受けた。この問題がきわめて重要であることはわかっていたが、この時はじめて、新たに出現した分子生物学の手法を使えば答えが見つけられることに気づいたのだ。幸運なことに、私がこの問題に取り組めるよう、NIHのフィリップ・レーダー（図11）が研究室に受け入れてくれた。私たちは研究によって、IgL（C_{κ}あるいはC_{λ}）鎖遺伝子のコピーの数はひとつ、あるいはせいぜい数個で少ないという結果を得た。皮肉にも、ドンの生殖細胞系列説が誤りであることを証明してしまったのだ（Honjo et al., 1974）。この結果はさらに、少数のC遺伝子から多様な抗体を生成するには、何らかの遺伝子変化（体細胞変異または組換え事象）が必要であることを示していた。実際、このすぐあとに、利根《とね》川《がわ》進《すすむ》〔現・マサチューセッツ工科大学教授〕が、少数のV（＝Variable〔可変〕）、D（＝Diverse〔多様〕）、J（＝Joining〔連結〕）遺伝子断片の組換えによって、リンパ球の分化中に何百万もの固有の受容体遺伝子のレパートリーが生成されることを発見した（Brack et al., 1978）。

図11 フィリップ・レーダー先生

1973年、NIHにて

クラススイッチ組換えとAID

私は1974年に東京大学へ戻ると、自分の小さな実験室を整えながら、どのような課題に取り組むかを考えていた。最終的にはIgアイソタイプ〔※アイソタイプ＝IgG、IgM、IgA、IgE、IgDなど抗体の種類〕またはクラスの変換、すなわちクラススイッチの分子メカニズムの問題を解明するため、IgH鎖遺伝子に取り組むことに決めた。フィルや利根川進や他に多くの人たちが研究していた、抗体レパートリー生成のメカニズムとの競合を避けたわけだ。成熟したB細胞への抗原刺激はアイソタイプ・クラススイッチを誘発することが知られていた。V領域遺伝子の抗原結合の特異性を変えることなく、H鎖C領域（C_H）遺伝子を置き換えるプロセスである。C_H領域はＩｇＭ、ＩｇＧ、ＩｇＥ、ＩｇＡのようなクラスに分けられる。Ｂ細胞の抗原刺激と関連したもうひとつの遺伝子変化は体細胞突然変異〔ＳＨＭ〕であり、高親和性抗体の生成をうながすことで知られるプロセスである。これら2つの現象は、免疫の抗体記憶の基礎であり、予防接種を成功させるには不可欠である（図12）。

共同研究者として、小野雅夫《おのまさお》〔元・立教大学教授〕――ポリソーム中のＩｇタンパク質とメッセンジャーＲＮＡ〔ｍＲＮＡ〕複合体の免疫沈降法を確立した――と出会えたことは幸運だった。その手法を使って、すぐにH鎖ｍＲＮＡを精製することができたからだ（Ono et al., 1977）。精製されたｍＲＮＡから合成したｃＤＮＡを使うことで、異なるクラスのＩｇを作り出す様々な骨髄腫から取ったＤＮＡを解析したところ、異なるクラスのＩｇではC_H遺伝子のコピー数が違うことがわかり、片岡徹と私は驚いた。そして、異なるC_H遺伝子を発現する10個以上の骨髄腫のＤＮＡにおけるC_γ遺伝子のコピー数を比較することにより、C_H遺伝子が特定の順序で配列されていると仮

図12 ワクチン(抗原)投与による抗原記憶の生成

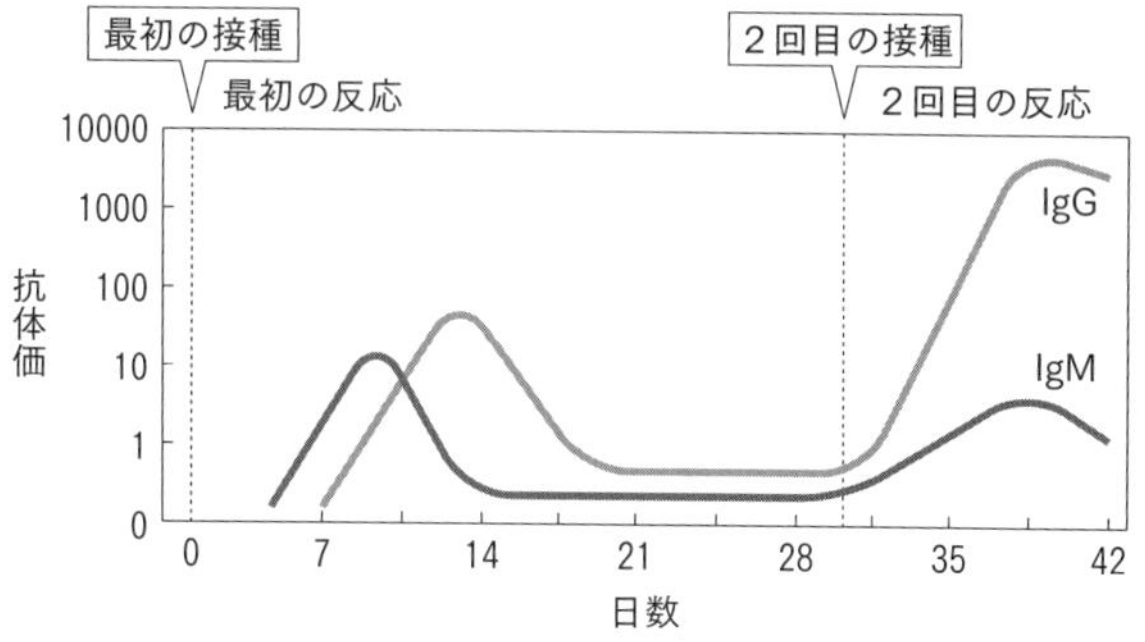

抗原の結合能力の向上
(可変領域の体細胞超異変)
抗原プロセッシング能力の向上
(IgMからIgG、IgA、IgEへの定常領域のクラススイッチ組換え)

定すると、発現したV_H遺伝子と発現されるC_H遺伝子との間の単純な欠失がコピー数の違いを説明できることに気づいた。こうして私たちは、IgC_H遺伝子座の対立遺伝子欠失モデルを提案したのである(Honjo et al., 1978)。

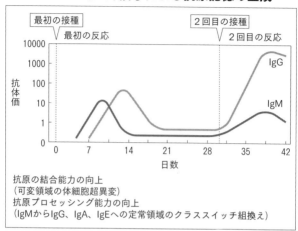

1977年、私はフィルの研究室に再び滞在した3カ月の間に、精製された$C_{\gamma1}$ mRNAから、最初の重要なC_H遺伝子である$C_{\gamma1}$を単離することに成功した。$C_{\gamma1}$ cDNAがクローン化後に、他のC_H遺伝子もクローン化に成功した。転写が活発に行われているIgH鎖遺伝子を単離することでDNA組換えが起きることを納得

のいく形で証明するのに、時間はかからなかった（Kataoka et al., 1980）。私たちの他に4組のグループがほぼ同時に同じ結論に達するという、信じられないほどの競争の渦中で、この発見をしたのだ（Cory, 1981; Davis et al., 1980; Maki et al., 1980; Rabbitts et al., 1981）。最初に対立遺伝子の欠失を思いついてから4年、マウスの染色体上ですべてのC_H遺伝子がどのように配列しているかを、ついに突き止めた（Shimizu et al., 1982）。その後、消失したＤＮＡ断片が染色体からループアウトしていることを証明した（Iwasato et al., 1990）。この有益な発見のおかげで、のちに、進行中のクラススイッチ組換え（ＣＳＲ）を測定できるようになった。重要なのは、ＣＳＲが反復性の高い配列を特徴とするC_H遺伝子座のコード遺伝子間の領域で起きることである。マウスの染色体でＩｇＨ鎖遺伝子座がどのように配列しているかを調べると、それぞれのC_H領域遺伝子の前に、非常に反復性が高いＤＮＡの領域（数～10kb〔キロベース〕）があることがわかり、これをスイッチ（Ｓ）領域と名づけた（Kataoka et al., 1981）（図13）。生物学的には、ＣＳＲは抗原刺激の直後に起きるため、非常に高い効率で起こらなければならない。私たちが明らかにした構造は、この要件を満たしている。ＣＳ

図13 クラススイッチ組換えは大きなDNA断片の欠失によって起こる

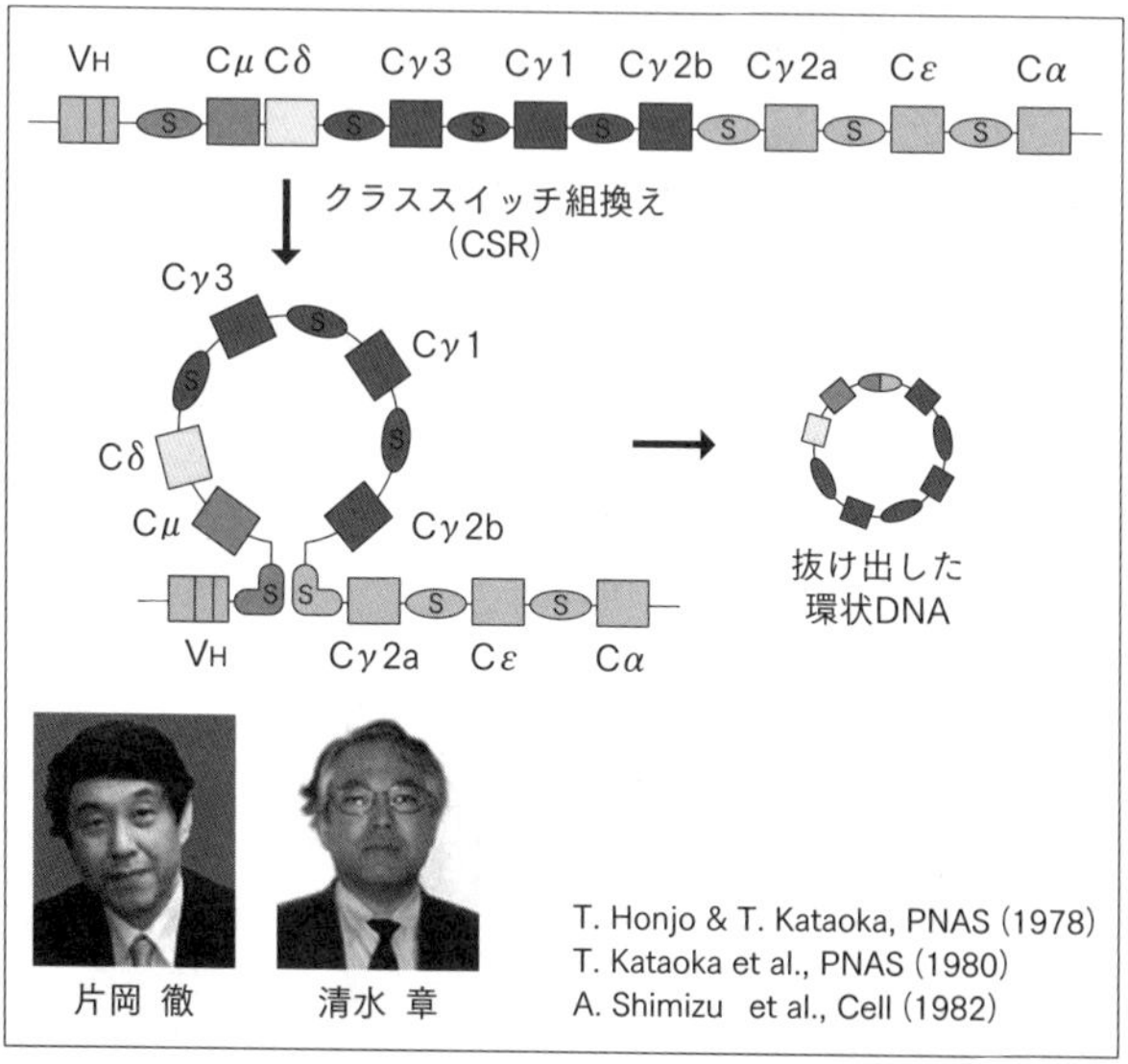

Rは、V（D）J組換え〔遺伝子断片V、D、Jの組み合わせ。様々な遺伝子をランダムに選ぶことで抗原に対抗する〕の部位特異的組換えと異なり、大きなS領域ならどこでも起こりうるからだ。

振り返れば、これらの研究は、免疫の多様性を理解する上で画期的な出来事だった。そして私は、この効率的な組換えの原因となる酵素を特定することを決心した。そのためには、クラススイッチを試験管内で再現する最適な細胞システムを準備することが不可欠である。幸運にも、エバ・セベリンソンが、クラススイッチを引き起こす、まだ知られていなかった可溶性因子を単離する共同研究を持ちかけてくれた。彼女が開発した因子分泌性T細胞株を使い、インターロイキン4（IL-4）とIL-5をコード化するcDNAを単離した。これはB細胞のクラススイッチだけでなく、リンパ球分化の他の重要な側面においても、重要な意味を持つサイトカインであることがわかった（Azuma et al., 1986; Noma et al., 1986）。

CSRの酵素メカニズムを解明する助けとなったもうひとつの重要なツールは、1990年代初頭にNIHでウォーレン・ストローバーから提供を受けた、B1細胞がん由来の派生株CH12である。オリジナルの細胞株は基本的にIgM陽性だが、IgA陽性細胞も相当数混じっており、IgMからIgAへのスイッチ能力は低かった。このCH12の再クローン化を繰り返し、最終的にCH12F3株を得た。このサブクローンは、刺激がない条件下ではほぼすべてがIgM陽性で1%未満のIgA陽性細胞しか含まないが、IL-4、TGF-β1、CD40リガンドでの刺激後は、50%を超えるＩｇＡ陽性細胞にスイッチした（Nakamura et al., 1996）。村松正道がこの系統を使って、刺激していない細胞と刺激した細胞とのサブトラクティブ・ハイブリダイゼーション〔異なる細胞間で特異的に発現する遺伝子を同定する方法〕を行い、活性化したＣＨ12Ｆ3だけに発現し、マウスでは胚中心Ｂ細胞だけで検出された、「23ｃ9」というｃＤＮＡクローンの同定につながった。その配列は、ＲＮＡ編集酵素ＡＰＯＢＥＣ《アポベック》1と最も強い相同性があること、そして試験管内で弱いシチジンデアミナーゼ活性を持っていることが明らかになった。私たちは、それを活性化誘導シチジンデアミナーゼ（ＡＩＤ）と名づけた（Muramatsu et al., 1999）。ＡＩＤ欠損マウスは、クラススイッチだけでなくＳＨＭも完全に失っていた。これら2つの遺伝的変異は、異なる酵素によって媒介されると考えられていたため、予想外の発見となった（Muramatsu et al., 2000）（106ページの図14）。ＡＩＤこそ、私が長い間見つけることを夢見ていた酵素であることが明らかになったのだ。私たちが設計したヒトＡＩＤプライマーを使って、共同研究者のアン・デュランディとアラン・フィッシャーが、高ＩｇＭ症候群2型の患者全員がＡＩＤ遺伝子に変異を持っていることを確認してくれた（Revy et al.,

図14 CSRとSHMの両方を失ったAID欠損マウス

AID欠損マウスでは、クラススイッチ組換え（CSR）と体細胞突然変異（SHM）が正常に機能しない

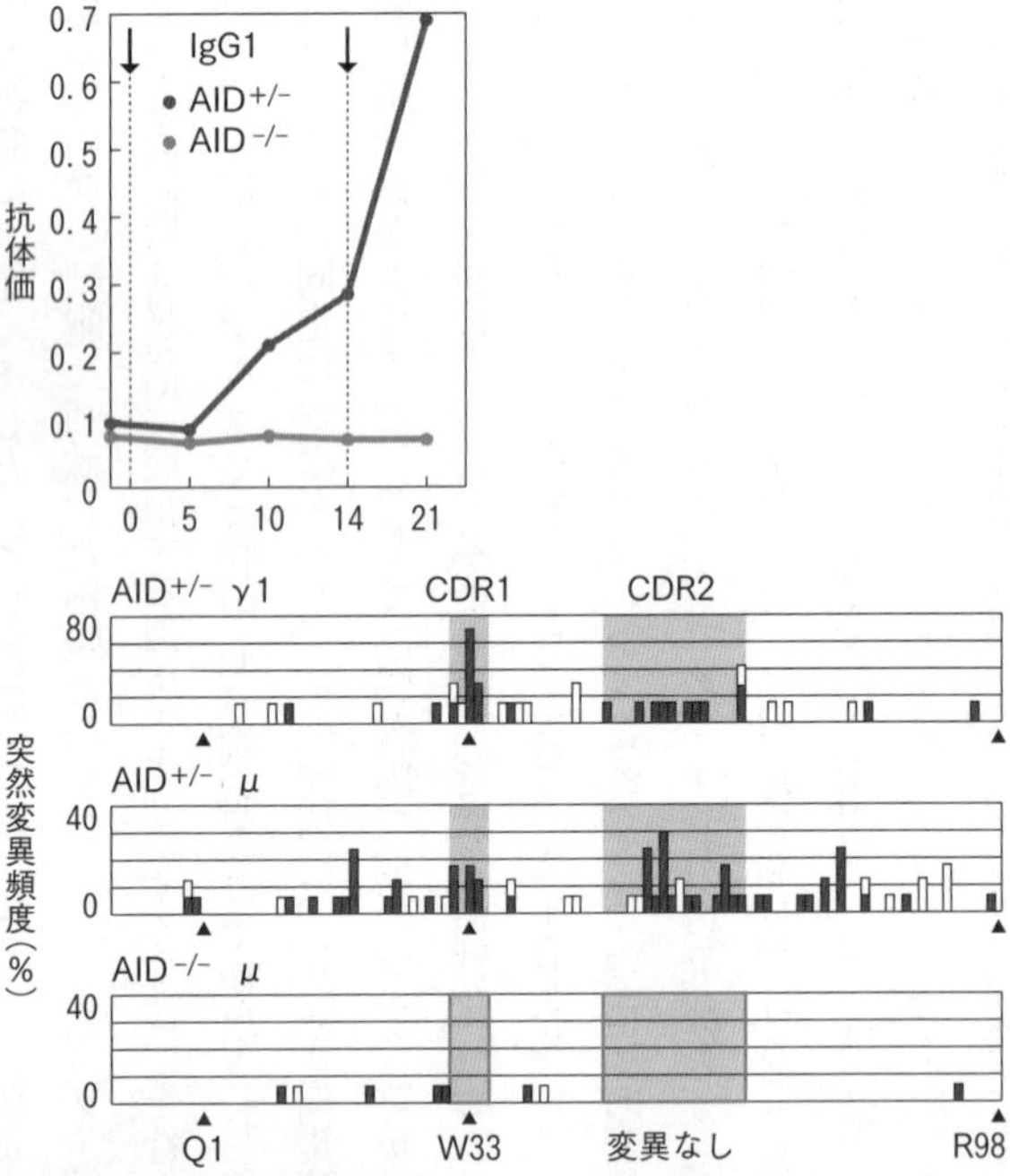

村松正道

木下和生

Based on M. Muramatsu et al., Cell 2000

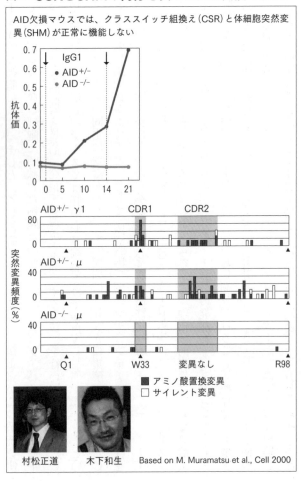

２０００)。ヒトとマウスのＡＩＤ欠損の表現型はよく似ていた。こうして私たちは、ＡＩＤが抗体遺伝子に抗原記憶を刻《きざ》み込む酵素であり、ワクチン接種の基本メカニズムとして役立つという明らかな証拠を手に入れたのである。

しかしながら、ＡＩＤの分子メカニズムはいまだに完全には解明されていない。私たちは、ＲＮＡがＡＩＤによって直接的に編集されるという考えを裏づける証拠を集めているが(Begum et al., 2015)、この分野の科学者のほとんどはＡＩＤがＤＮＡを直接的に編集すると考えている(Meng et al., 2015)。とはいえ、Ｂ細胞ＤＮＡの再構成が2段階で発生することは明らかだ。骨髄で分化するＢ細胞は、はじめにＶ(Ｄ)Ｊ組換えによってＶ領域のレパートリーを生成する。そして、Ｂ細胞が末梢リンパ組織で抗原に遭遇すると、活性化されてＡＩＤ酵素を発現し、ＳＨＭやＣＳＲを引き起こす(109ページの図15)。ただし、ＡＩＤの発現によって、Ｉｇとｃ－ｍｙｃ〔がんにおいて高頻度に変異が存在する遺伝子〕のような、がん遺伝子との間で異常な染色体転座が引き起こされ、Ｂ細胞リンパ腫のような白血病を生じさせることがある。この当時、免疫学者の大多数は、免疫の活性化が腫瘍形成につながるかもしれないことなど考えもしなかった。

PD-1の発見とその応用

免疫のとてつもない多様性にともなう大いなる謎は、自己に対する免疫活動をどのようにして回避するか、である。免疫寛容として知られるこの現象は、フランク・マクファーレン・バーネット卿が理論的に提唱し、ピーター・ブライアン・メダワー卿が実証した。2人は1960年にノーベル生理学・医学賞を受賞した。バーネット卿は、免疫監視機構と呼ばれるメカニズムにより、非自己抗原を、発現する腫瘍細胞が免疫系によって認識・排除される可能性も唱えた（Burnet, 1957）。しかし、腫瘍細胞は、免疫系を不活性状態に誘導して成長する。この理由は、現在でも正確にはわかっていない。こうした着想と観察から、がん免疫療法の分野へと続く道のりが始まった。

多くの科学者が、がん治療のために様々なアプローチを試してきた。たとえば、腫瘍特異抗原〔TSA〕を特定して患者にワクチンとして注射したり、IL-2を加え

図15 AIDは、効果的なワクチン接種のため ゲノムに抗体記憶を刻み込む

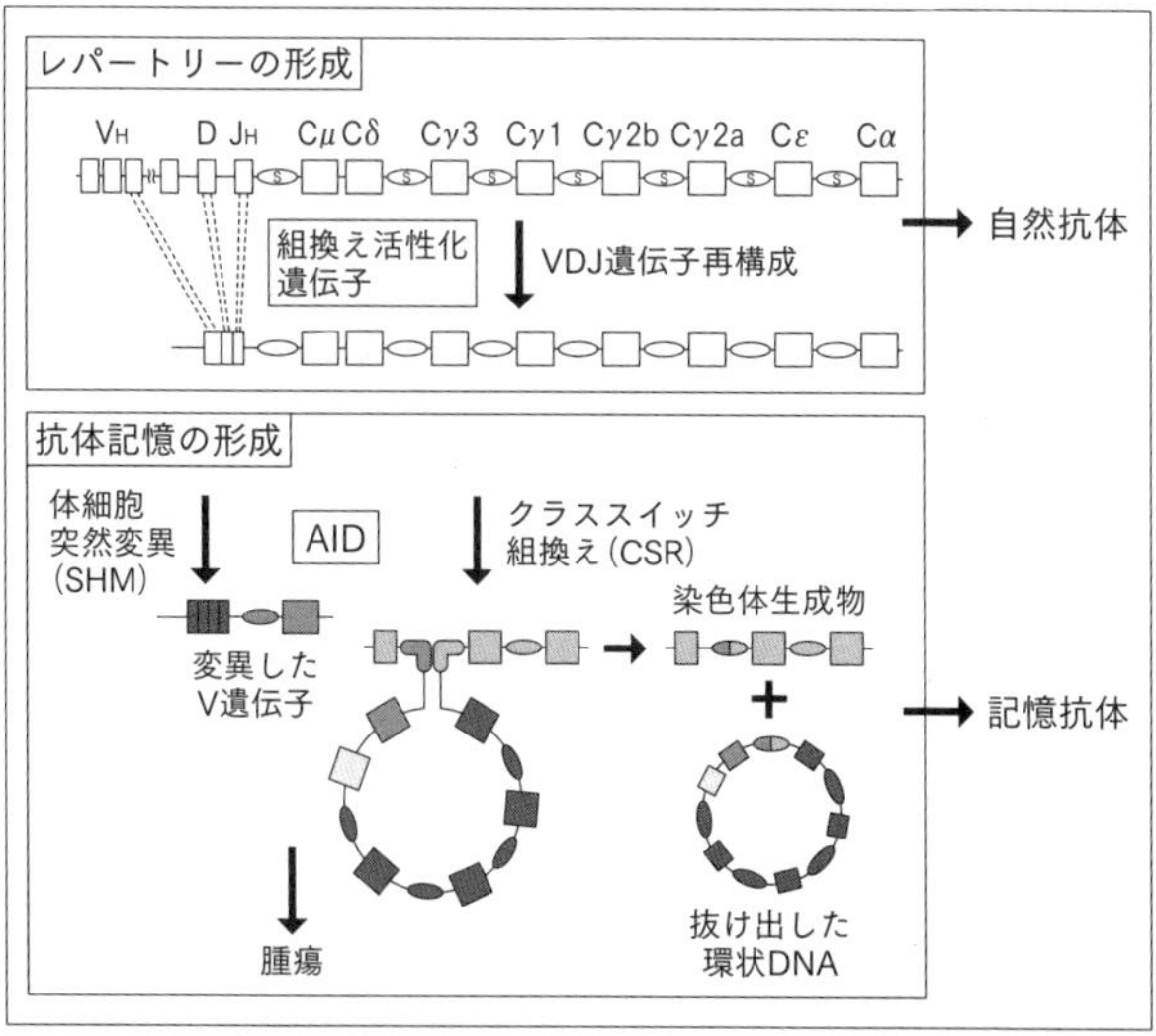

て増殖させた患者自身のT細胞を患者に注射したりした。インターフェロン-γ、IL-2やIL-12のような、免疫刺激性サイトカインの注射も広く行われてきた。しかし残念ながら、これらからは有効であるという臨床結果を得られなかった。今になって思えば、これらは、がん患者の免疫系が免疫寛容の状態において、強いブレーキがかかった条件下でアクセルを踏み込むようなものだった。実際、1990年代半ばまで、この負《ふ》の

免疫制御の原因となる分子はひとつも特定できていなかった。

　ピエール・ゴルシュタインがＣＴＬＡ-４分子を発見し、その後、ジム・アリソン、ジェフリー・ブルーストーン、クレッグ・トンプソン、タク・マク（麥德華）、アーリン・シャープのグループによる研究で、ＣＴＬＡ-４が免疫系の初期活性化の阻害に関与する負の調節因子であることが明らかになった。免疫制御の新時代の幕開けである（Brunet et al., 1987; Krummel et al., 1995; Tivol et al., 1995; Walunas et al., 1994; Waterhouse et al., 1995）。実際、ＣＴＬＡ-４はＣＤ28と対《つい》になって、パーキングブレーキのように、免疫活性化のオンとオフを調節している（図16）。私たちは単独で、促進因子ＩＣＯＳ《アイコス》と対となり、走行中にブレーキをかける形で免疫反応を制御する、ＰＤ-１と呼ばれる負の調節因子を発見した。ＰＤ-１は石田靖雅によって偶然、単離された。彼は、免疫細胞が成長中にいかにして免疫寛容を確立するかという大問題を解き明かすため、胸腺のＴ細胞選択に関与するタンパク質の単離に熱心に取り組んでいた。彼は胸腺に由来するＴ細胞株を刺激し、その後ｃＤＮＡサブトラクション〔ｃＤＮＡを濃縮してクローニングする方法〕を行って、成長中の細胞と死にかけた細胞の

図16 自動車に似ている 免疫反応を制御するブレーキとアクセル

動作	運転操作	停止	動作状況
駐車 ［活性化］	イグニッション ［CD28］	パーキングブレーキ ［CTLA4］	オン/オフ ［過激］
運転 ［攻撃］	アクセル ［ICOS］	ブレーキ ［PD-1］	～100km/時 ［穏やか］

それぞれで発現する遺伝子を比較した。そして4個の独立したクローンを単離したが、驚くべきことに、それらは同一のmRNAに由来していた。このcDNA配列によって、私たちがプログラム細胞死1（PD‐1）と名づけた、興味深い分子が明らかになったのである（Ishida et al., 1992）。PD‐1が、活性化シグナル伝達受容体と非常によく似た一対のチロシン〔アミノ酸〕を含む細胞質ドメイン〔細胞膜を貫通する膜タンパク質において、細胞内に存在する領域〕を持つ細胞表面受容体だった。しかし、PD‐1は他の受容体とは異なり、2つのチロシンの間隔の長さが2倍もあった（113ページの図17）。その後、私たちは、T細胞とB細胞を刺激することでPD‐1の発現が強力に誘発されることを発見した（Agata et al., 1996）。デキサメタゾン〔ステロイド系抗炎症薬〕による正常な細胞アポトーシス中にPD‐1が発現しないことから、

ＰＤ−１が細胞死に関与している可能性は簡単に排除できた。

１９９４年、西村泰行がＰＤ−１ノックアウト（ＫＯ）マウスを作ったが、生体内でのＰＤ−１の機能を理解するまでには、長い時間がかかった。複雑な遺伝的背景を持つマウスにおいてＰＤ−１遺伝子をノックアウトしても、病的な影響は出なかったからだ。とはいえ、試験管内でＰＤ−１欠損マウスから取り出したＢ細胞が抗原刺激に強い反応を示したことは、ＰＤ−１が負の調節機能を持つのではないか、という最初のヒントになった（Nishumura et al., 1998）。ＰＤ−１ノックアウトマウスを、自己免疫疾患発症系の変異マウスであるlpr／lprマウスと交配すると、ＰＤ−１欠損によって生まれてからおよそ5カ月後に、重度の腎炎と関節炎の発症が見られた。最終的に、一般的な実験用Ｃ57ＢＬ／６系を用いた場合、ＰＤ−１ノックアウトマウスは14カ月くらい経たないと自己免疫性の腎炎と関節炎を発症しないことがわかった（Nishimura et al., 1999）。驚くべきことに、ＢＡＬＢ／ｃ〔実験用マウスの種類のひとつ〕のバックグラウンド〔遺伝背景〕を持つマウスでは、ＰＤ−１欠損は拡張型心筋症を誘発した。これは、ＰＤ−１が自己免疫疾患の発症を防ぐために重要である一方、

図17 PD-1の発見／cDNAの構造

PD-1がシグナル伝達表面分子であることを細胞質尾部の構造が示している

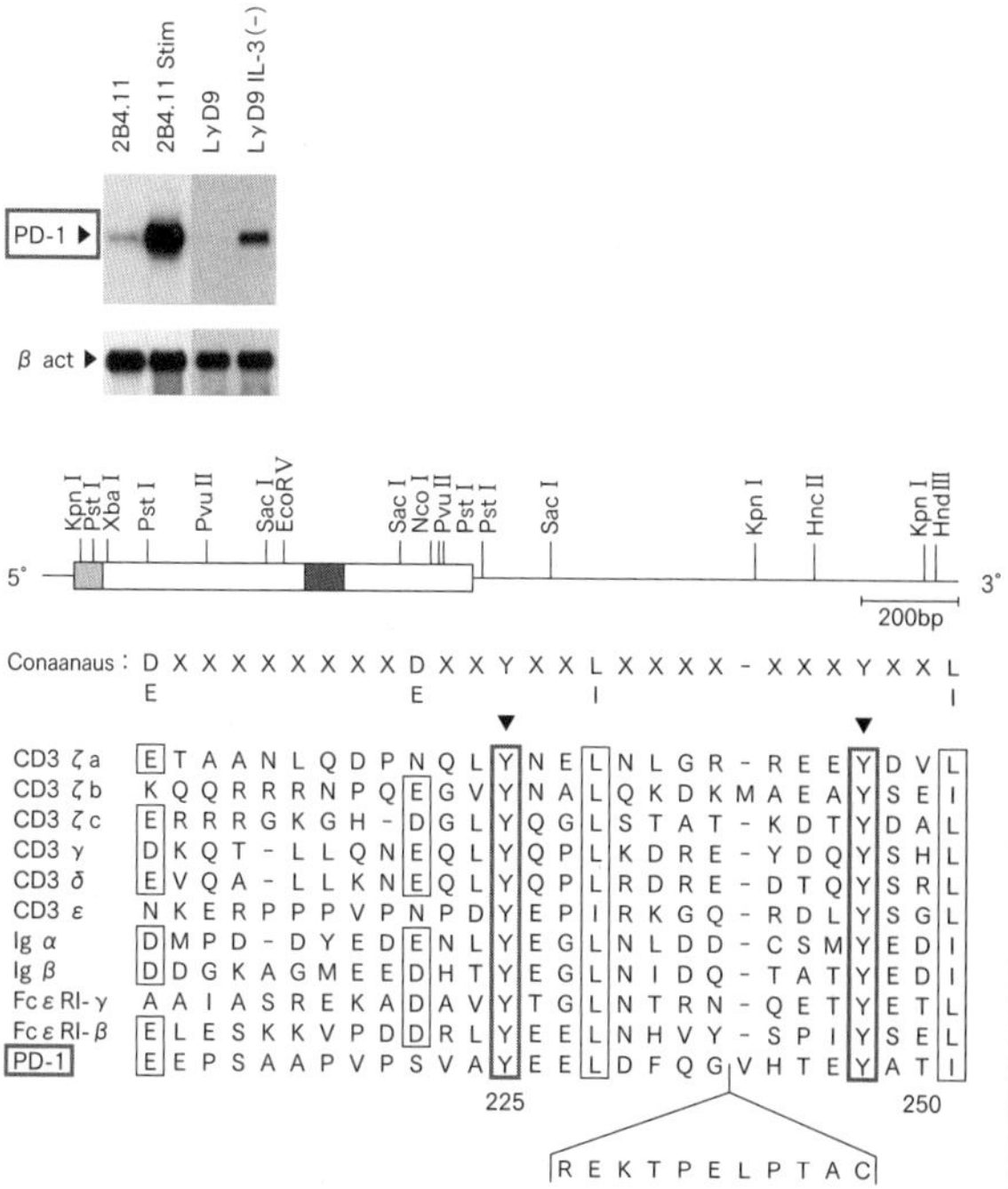

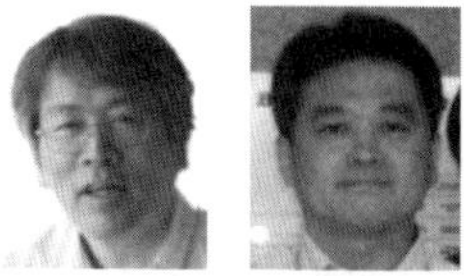

石田靖雅　　縣 保年

Y. Ishida et al., EMBO J. (1992)

標的とされる特定の臓器は他の遺伝子の影響を受ける可能性を示している(Nishimura et al., 2001)。この考えを裏づけるため、私たちはＰＤ－１ノックアウトマウスと、免疫学者が一般的に試用する自己免疫疾患発症系のマウスを交配し、ＰＤ－１阻害機能の欠如による影響を調べた。そして、ＮＯＤ〔実験用マウスの種類のひとつ〕バックグラウンドではＰＤ－１欠損が糖尿病の悪化を引き起こし、ＭＲＬ〔同〕バックグラウンドではＰＤ－１欠損が重度の心筋炎を引き起こすことを岡崎拓《おかざきたく》〔現・東京大学定量生命科学研究所教授、69ページの図７〕が発見した(Wang et al., 2005; Wang et al., 2010)(図18)。ＰＤ－１刺激が、次のような段階を踏んで活性化シグナルの抑制を行うことを示したのだ。まずＰＤ－１への刺激がＰＤ－１の(他の細胞表面受容体と共通する)チロシンのリン酸化を誘導すること、そしてそれがＳＨＰ２ホスファターゼを引き寄せ、そのＳＨＰ２により周囲のシグナル伝達分子を脱リン酸化することで不活性化する(Okazaki et al., 2001)。これらは、ＰＤ－１が免疫系の２つ目の、新たな負の調節因子であることの強力な証拠となった。生後４～５週間で死に至る重度の自己免疫を発症させるＣＴＬＡ－４欠損とは対照的に、ＰＤ－１欠損マウスは自己

図18 PD-1は負の調節因子

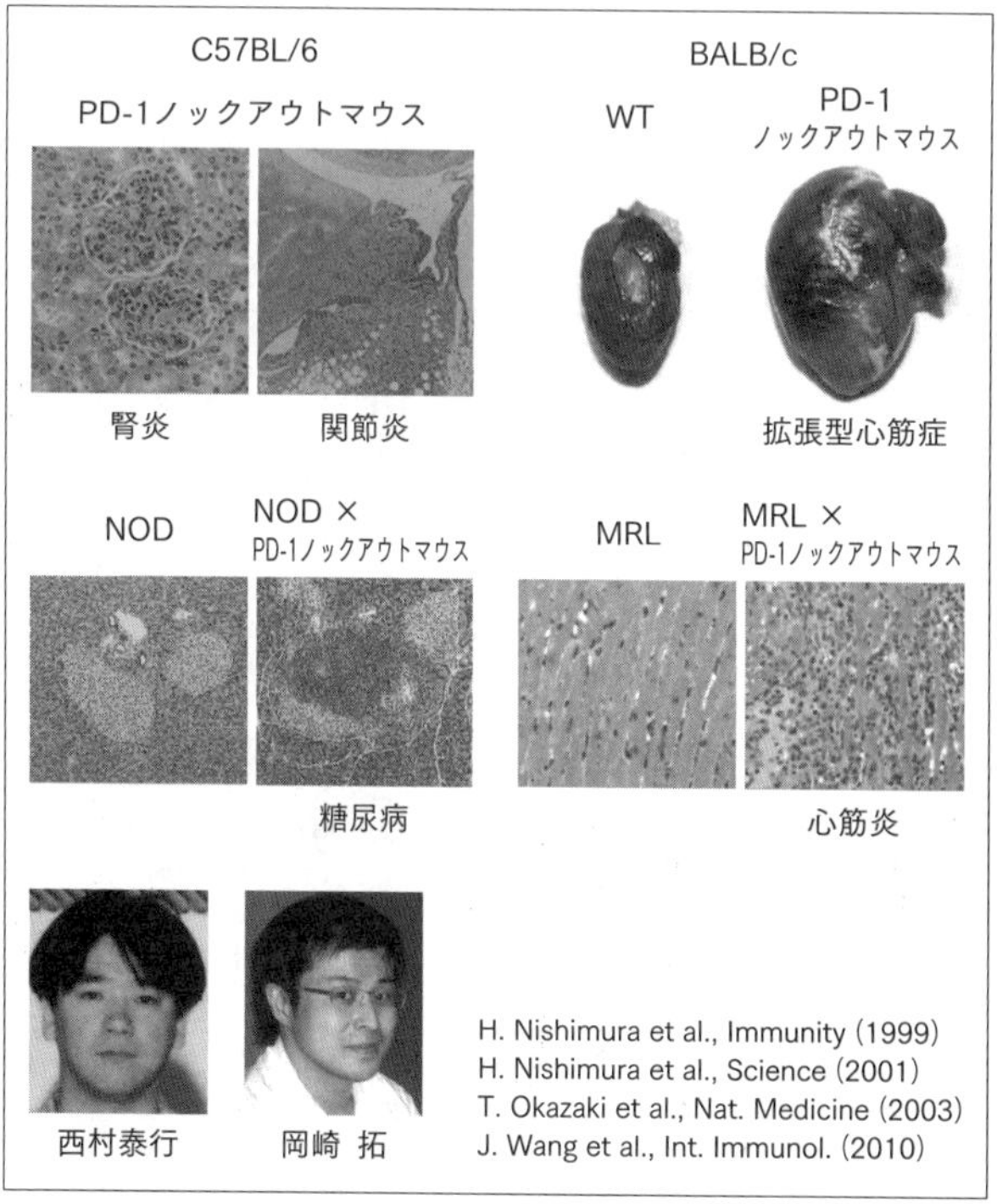

免疫の発症が遅く、症状も穏やかである。このような結果は、PD-1調節が、がんを含む様々な免疫関連疾患の治療にきわめて有効なアプローチになることを確信させた。

この間、私はPD-1のリガンドを単離すべく、ボストンのGIのスティーブ・クラークと協力していた。思いがけないことに、ダナ・ファーバーがん研究所のゴードン・フリーマン博士が、公開されたデータベースからB7ファミリーのタンパク質を産出する多くのcDNAをすでに選択しており、GIグループはそのクローンのひとつ292が私たちのPD-1発現細胞株に結合することを示した。私たちは彼らの結果を確認し、PD-1受容体と結合した292タンパク質がT細胞の増殖を阻害することを証明した。2000年には、私たちがPD-L1と名づけたPD-1リガンドの同定が報告された (Freeman et al., 2000)。

新千年紀(ミレニアム)の夜明け前、私たちは、腫瘍細胞の増殖に対するPD-1欠損の効果テストを始めた。岩井佳子は2000年半ばまでに、PD-1を持つマウスと持たないマウスで、PD-L1を発現する骨髄腫の成長を比較する実験を行い、PD-1欠損がPD-L1発現腫瘍細胞の増殖を抑制することを発見した(図19)。

この結果を受け、私はPD-1を抗体でブロックすることが、腫瘍の成長を抑制するには効果的であると確信したのである。この戦略が、がん治療に利用できることを確かめるために、早急にPD-1を遮断する抗体が必要になった。私たちの長年の共

図19 PD-1マウスにおける PD-1抗体によるB16メラノーマ転移の抑制、および骨髄腫(J558L)の腫瘍形成の阻害

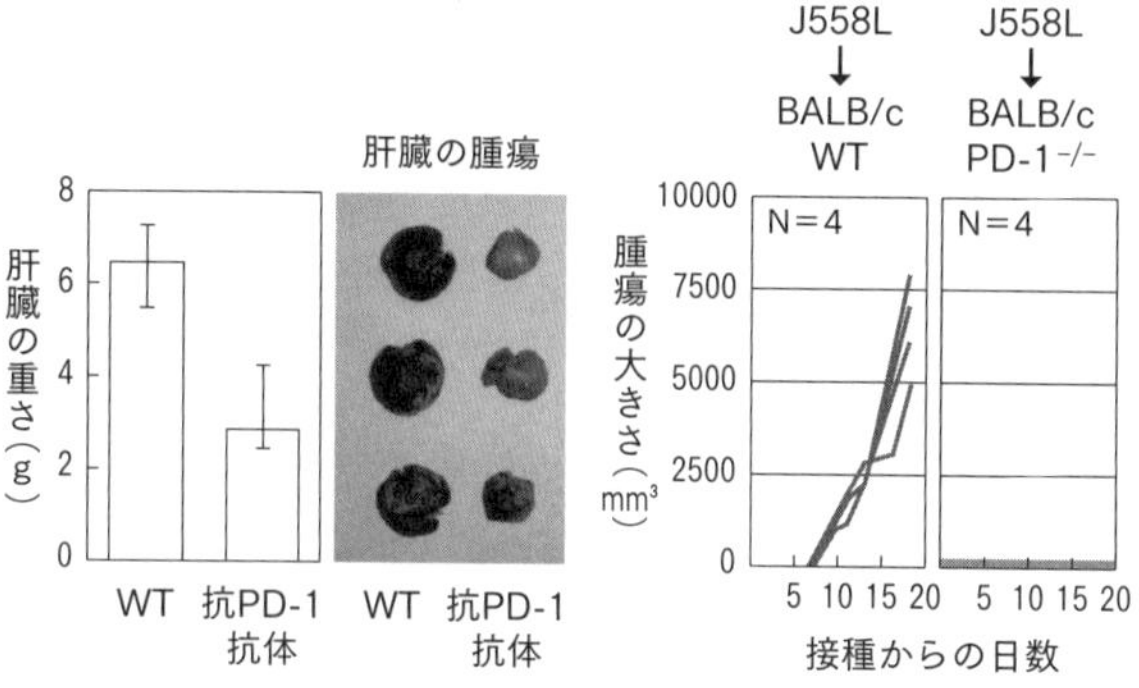

Y. Iwai et al., Int. Immunol. (2005)

Y. Iwai et al., PNAS (2002)

岩井佳子

同研究者である湊長博らが、すでにPD-1とPD-L1に対するちょうどよい抗体を生成し始めていた。両研究室は、刺激的で実りの多い共同作業に着手した。湊研究室の田中義正は、彼らが生成したPD-L1抗体が、様々なマウスのモデルで腫瘍の増殖を効果的に抑制できることを示した(Iwai et al., 2002)

図20 PD-L1発現肥満細胞（P815/PD-L1）の PD-L1抗体による成長抑制、および動物の生存期間の延長

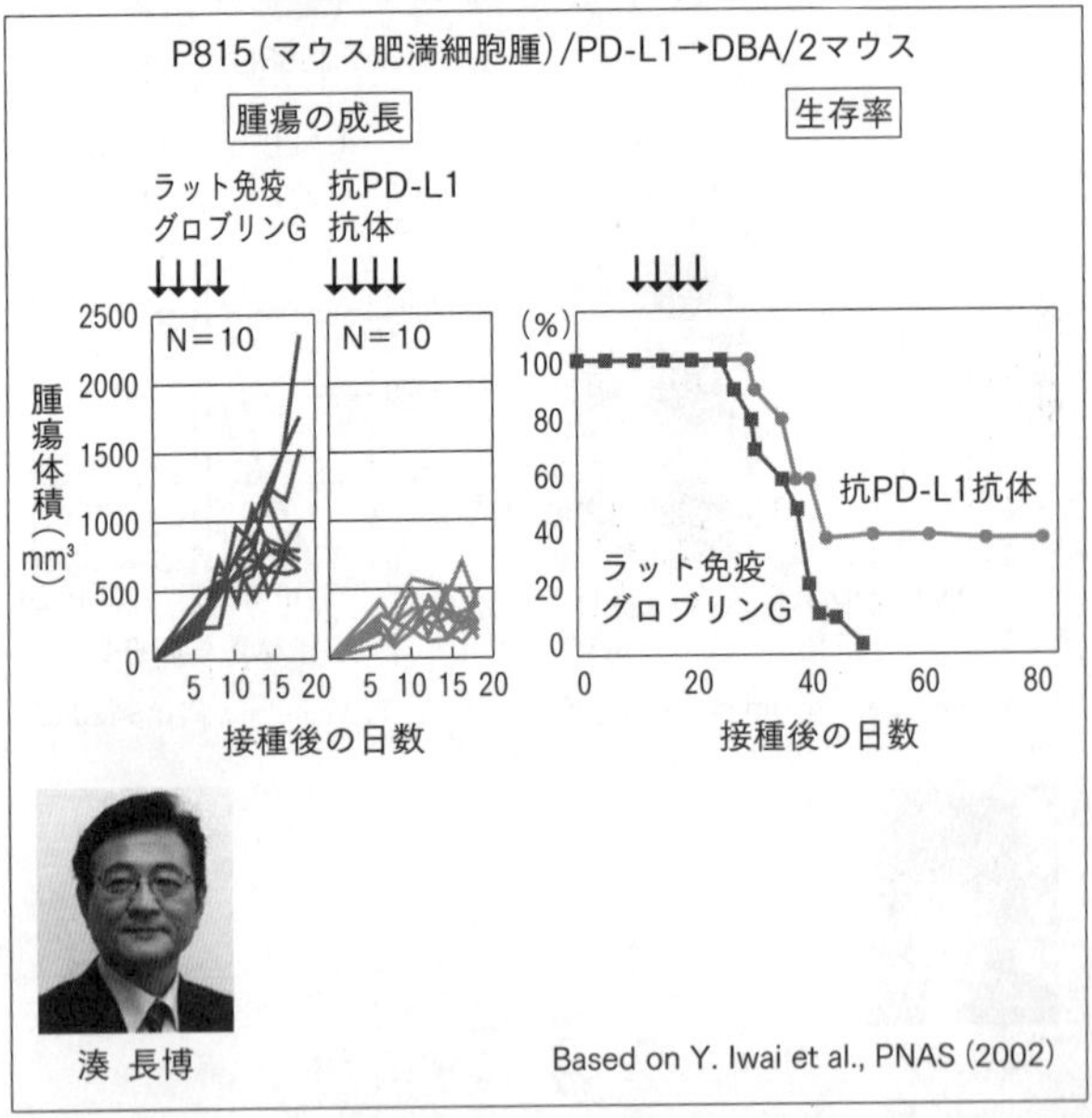

（図20）。さらに岩井は、遺伝子操作もしくはPD-1抗体治療によるPD-1阻害が、B16メラノーマ細胞の脾臓から肝臓への転移を明らかに抑制することを確認した（Iwai et al., 2005）（117ページの図19）。これらの発見は、PD-1またはPD-L1のどちらかへの抗体によるPD-1阻害が、腫瘍細胞の増

図21 PD1またはPD-L1の
いずれかに対する
抗体を使用した腫瘍致死の模式図

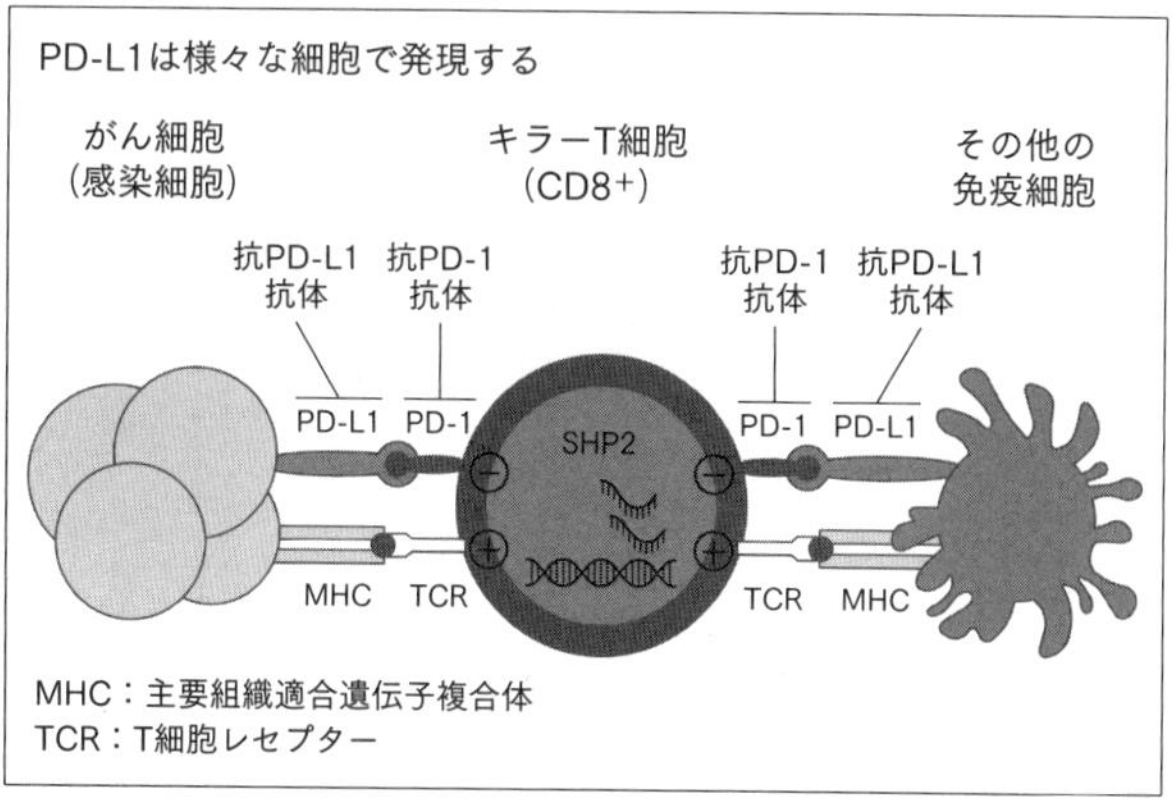

殖と転移を予防したり、遅らせたりする強力な武器になることを示したのだ（図21）。

PD-1阻害によるがん免疫療法

この治療法をヒトに適用するには、特許申請をして、製薬業界から支援を受ける必要があった。「ひょうたんから駒を生んだ、私の幸せな人生（英文・Biography)」で述べたように、多くの奮闘と期待と失望のあと、すでにジム・アリソンとCTLA-4モノクローナル抗体について協力していた、小規模なベンチャーキャピタルのメダレックス社が、小野薬品工業と共同で抗ＰＤ−１抗体の生成を始めた。抗体依存性細胞傷害を回復させるＳ２２８Ｐに変異を有するＩｇＧ４であるヒト型抗ＰＤ−１抗体は２００６年８月1日、研究用新薬ニボルマブ〔現在の商品名・オプジーボ〕としてＦＤＡによって認可された。そして、アメリカではすぐに、日本では2年後に、臨床試験が開始された。最初の第Ⅰ相試験は、スザンヌ・トパリアンらによって包括的にまとめられた（Topalian et al., 2012）。この研究結果は、免疫学の科学コミュニティと多くの臨床医を驚かせた。非細胞性肺がん、メラノーマや腎がんといった非常に侵襲性の強いがんの末期患者のうち、およそ20〜30％が完全奏効あるいは部分奏効を示したからだ。驚くべきことに、反応のあった31人のメラノーマ患者のうち20人が1年以上奏功し、なかには治療をやめたあとも奏効し続けた例もあった（図22）。このような持続的な反応は、他の化学療法ではこれまでにないものだった。私たちは、京都大学医学部附属病院産科婦人科の濱西潤三《はまにしじゅんぞう》〔現・同病院講師〕らと共同で、プラチナ製剤抵抗性卵巣がん患者への第Ⅱ相試験を開始した。かなり小規模な研究だったが、有望な結果を得た。およそ40％の患者に奏効、もしくは腫瘍の成長が完全に止まり、私たちは驚いた

図22 PD-1阻害への持続的反応

効果の持続——メラノーマ患者31人のうち20人が1年以上効果があり、治療をやめたあとでも効果が続いた

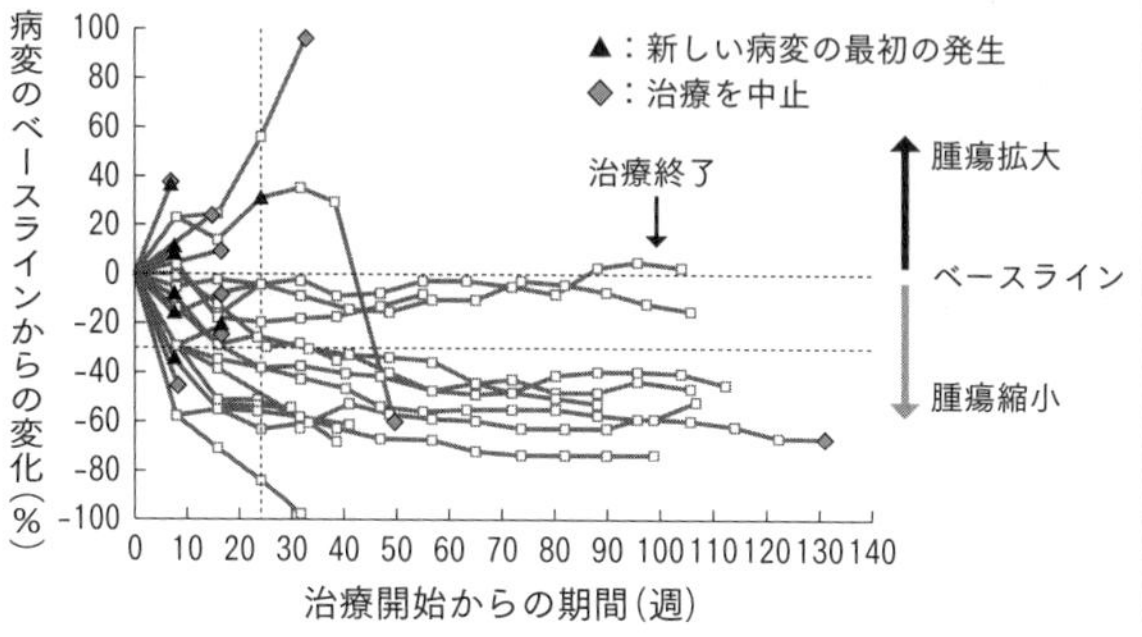

S. Topalian et al., NEJM (2012)

(Hamanishi et al., 2015)（122ページの図23）。1年間のPD-1阻害の後に完全奏効した2人の患者は、治療を中止してからほぼ5年経った今も（2020年3月時点）、健康である（123ページの図24）。

2018年には、過去6年間に世界中で実施された数多くの臨床試験の結果がまとめられた（Gong et al., 2018）。その中で、私が最も感銘を受けたのは、418人のメラノーマ患者を対象としたランダム化比較試験——ニボルマブと化学療法（抗がん剤ダカルバジン）の効果を比べたもの——である。

図23 プラチナ製剤抵抗性卵巣がん患者への抗PD-1抗体の第Ⅱ相試験

末期患者の40〜50％で腫瘍の成長が止まった

量	合計(n)	完全奏効	部分奏効	安定	進行	評価不能	奏効率	病勢コントロール率
1mg/kg	10	0	1	4	4	1	1/10(10％)	5/10(50％)
3mg/kg	10	2	0	2	6	0	2/10(20％)	4/10(40％)
合計	20	2	1	6	10	1	3/20(15％)	9/20(45％)

2011年10月12日〜2014年11月7日

濱西潤三

J. Hamanishi et al., J. Clin. Oncol. 33 (2015)

結果は目覚ましいもので、ニボルマブを投与されたグループのおよそ70%が1年半後も生存していたが、ダカルバジンを投与されたグループの生存率は20%未満だった。ニボルマブ投与による明らかな臨床上のベネフィット（利益）を前に、ダカルバジンの治療を続けることは非倫理的と見なされ、この時点で研究は中止された（Robert et al., 2015）（124ページの図25）。この大規模な研究は、EU、カナダ、オーストラリアの臨床医からなる国際チームによって実施された。他にも、ホジキンリンパ

図24　ニボルマブ（薬剤）に対する卵巣がん患者の持続的な完全寛解

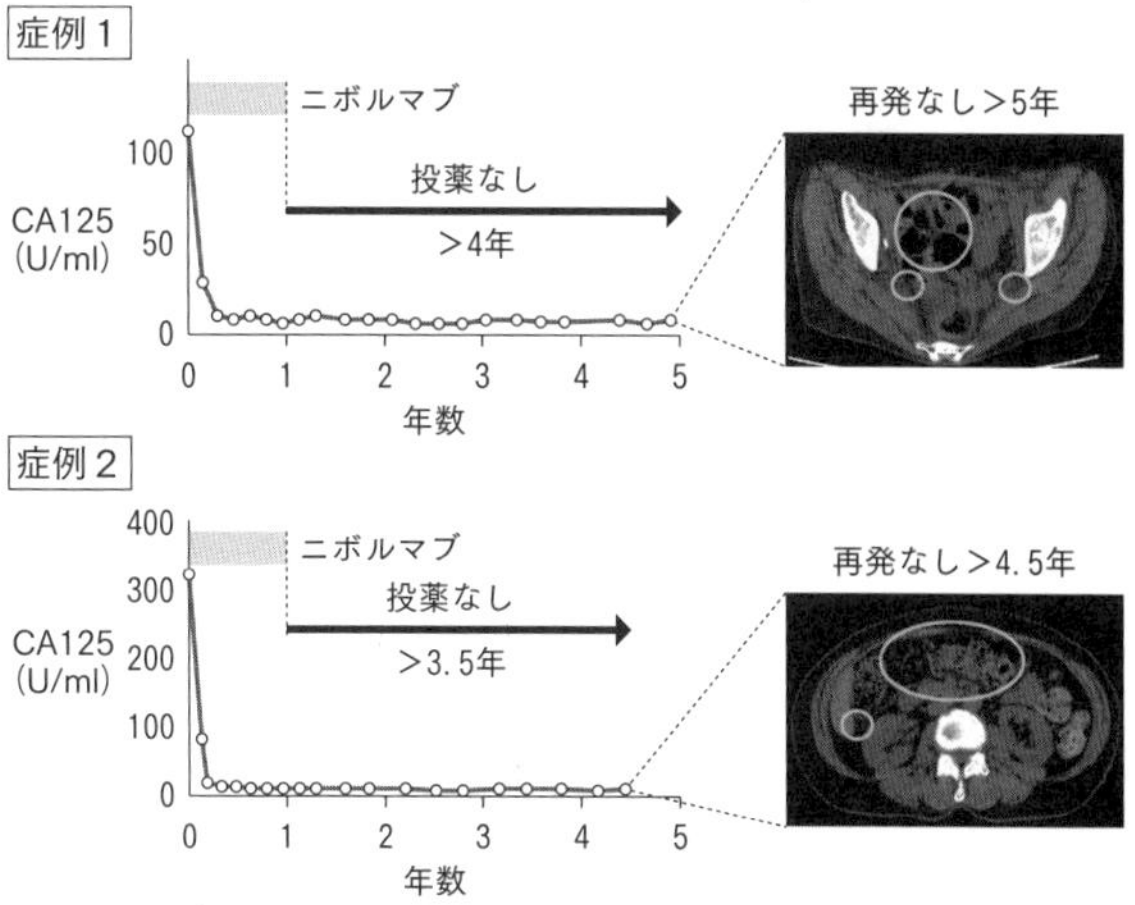

CA125：腫瘍マーカー

J. Hamanishi. International Federation of Gynecology and Obstetrics FIGO (2018)
Based on : J. Hamanishi et al., J. Clin. Oncol. 33 (2015)

腫の症例に関する印象的な臨床研究も報告されているが、様々な治療歴のある23人のホジキンリンパ腫の患者全員が完全奏効（4症例）、部分奏効（16症例）、安定（3症例）のいずれかを示した(Ansell et al., 2015)。科学者、臨床医、患者、バイオインフォマティシャン〔生命科学データの解析者〕、そし

図25 ニボルマブとダカルバジン(化学療法)を用いたメラノーマ患者(未治療)のランダム化比較研究

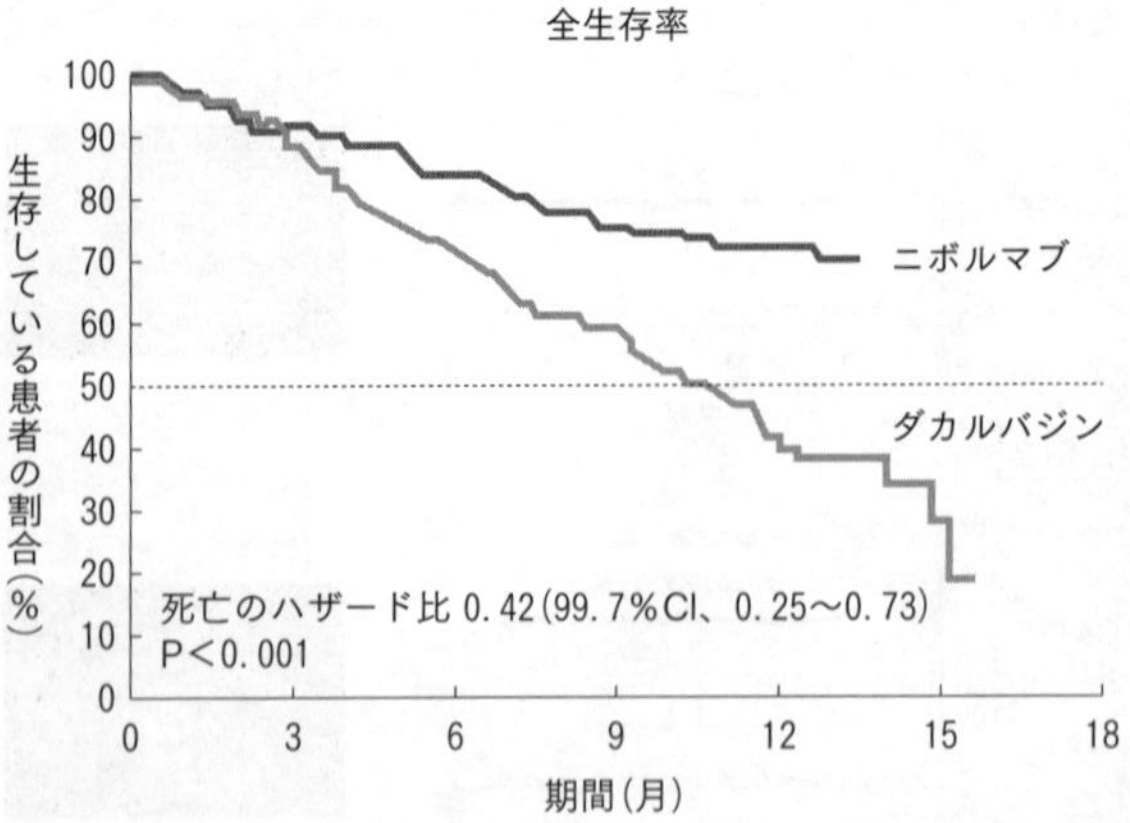

	死亡率 死亡数/全体数	平均生存期間 月(95% CI)
ニボルマブ	50/210	未到達
ダカルバジン	96/208	10.8(9.3〜12.1)

Based on C. Robert et al., NEJM (2015)

てこれらの研究に携《たずさ》わる多くの研究者の努力によって、2018年までに12以上の腫瘍にPD-1阻害療法による治療が承認された。FDAはごく最近、腫瘍の発生場所にかかわらず、すべての高頻度マイクロサテライト不安定性(MSI-H)がん

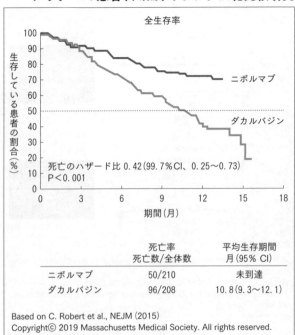

に、この治療法を認可した。私は、賢明な決断だと思う。なぜなら、製薬会社にとってはPD−1治療が奏功する可能性がある多くの腫瘍タイプに対して臨床試験を行う経済負担が軽減され、患者にとっては新薬を利用する機会が大幅に早まるからだ。こうして、PD−1阻害治療は、がん治療にパラダイムシフトをもたらした。すなわち、広範囲の腫瘍に対する有効性、効果の持続性、そして重要なことは、これまでの治療法と比べて副作用が少ないことである。

しかし、PD−1抗体治療のような、チェックポイント免疫療法の成功はどのように説明したらよいのだろうか？　様々な腫瘍の広範なDNAの塩基配列決定によって、ほぼすべてのがん細胞のDNAに、膨大な変異の集積が明らかになっている。タンパク質を産出する領域における突然変異頻度は、変異がない正常な細胞と比べて、1000〜1万倍も高いレベルに達する（Alexandrov et al., 2013; Martincorena et al., 2015）。メラノーマは突然変異率が最も高く、肺がんがそれに続く。実際、正常な細胞と比べて、ほとんどすべてのタイプの腫瘍に、100倍以上の変異が見られる。では、多くの研究結果を要約してみよう。細胞は多数の変異を蓄積することでがん性になり、正常な細胞とは姿を変える。第一に、このような変化は、免疫系が「異質性」に目をつけることで異物として生体内で検出される。つまり、がん免疫療法は、あらゆるタイプのがんへ潜在的に有効である。第二に、突然変異が大幅に増加すると、そのうちのどれを化学療法薬剤の標的とすべきかを特定しづらくなる。第三に、頻繁な変異は化学療法に耐性のある腫瘍細胞を生成し続けるが、膨大な免疫レパートリーを持つT細胞は、元の腫瘍細胞だけでなく、変異した腫瘍細胞も認識して攻撃できる。

とはいえ、がんに対して免疫療法の完全勝利を宣言するには、多くのハードルが残っている。臨床試験から、いくつかの問題が明らかになっている。何よりも、この治療の有効性はまだ限られていることだ。たとえば、メラノーマに対して、第一選択の治療としてのPD-1阻害療法の成功率は最大70％程度である（Robert et al., 2015）。他のほとんどの症例では、特に第二選択や第三選択の治療として用いられた場合、有効率は20～30％である。したがって、私たちは、次の2つの問題に早急に取り組まねばならない。ひとつは、どうすればPD-1阻害に反応しない患者と反応する患者を予測して、区別できるか。もうひとつは、どのようにしてPD-1免疫療法の有効性を大幅に向上させられるか、である。

予測マーカーが腫瘍の特徴と関連している可能性もある。たとえば、腫瘍細胞の高い変異率は、前述のPD－1阻害療法への反応性を推測するひとつの指標である。腫瘍によるPD－L1発現も検討されたが、残念ながら、多くのがん種で有効例を効率的に予測することはできなかった（Colwell, 2015）。がん免疫療法の反応率に影響する他の要因は、個々の患者の免疫能力に関わるため、現時点では予測は非常に困難である。免疫反応に関与する遺伝子は何百もあり、さらに何層もの調節機構があるため、個人の免疫力を――たとえば遺伝子多型を見ることで――簡単に予測できないのだ。腸内の微生物群集の宿主《しゅくしゅ》としての環境要因も、免疫反応と腫瘍の特徴を調節する上で重要な役割を果たしているようだ。私たちは、免疫療法の好結果を予測する最良の組み合わせ要因を、近い将来に解明できるよう努めている。

言うまでもなく、免疫療法の反応率を改善できれば、さらに多くのがん患者を救うことができる。そのために、私たちは現在、2つの方法に取り組んでいる。ひとつは、腫瘍に浸潤《しんじゅん》して死滅させる細胞傷害性T細胞（CTL）の数を増やす方法である。私たちは最近、CTL活性化と増殖における最初の重要なステップが、腫瘍所属リンパ節で起きることを示した。それらが活性化されて遊走活性受容体を発現すると、CTLは腫瘍部位から分泌されるケモカイン〔細胞遊走活性を主体とするサイトカイン〕の勾配《こうばい》に応じて腫瘍部位へ移動する（Chamoto et al., 2017）。PD-1阻害に反応する腫瘍を持ったマウスの所属リンパ節を取り除くと、腫瘍の増殖はPD-L1抗体では抑制できなくなることを、私たちは示した。流入領域リンパ節におけるCTLの活性化は、CXCL9、CXCL10、CXCL11などのケモカインに応答する受容体であるCXCR3の増加調節に必須だからだ。興味深いことに、CXCL9は実際、既存の腫瘍に浸潤しているCTLが、PD-1阻害抗体によって刺激されて分泌するインターフェロン-γに反応した腫瘍組織で作り出されている。したがって、リンパ節はCTLの活性化を開始し、腫瘍部位にCTLを配置するには不可欠であり、正《せい》のフィードバックループ〔※正のフィードバック＝ある働きの効果がはじめの段階に戻って作用し、それが繰り返されて効果が増幅されること〕と思われる状態で、リンパ節からのCTL増加を促進する。これらの結果は、免疫の防御反応を守るため、外科医は腫瘍摘出の際に健康なリンパ節を切除すべきかどうかを真剣に再考しなければいけないことを示唆している。

もうひとつのアプローチは、世界中で多くの科学者と製薬会社が追求している、ＰＤ－１阻害を強化する併用療法である。驚くべきことに、アメリカだけで現在、併用療法でＰＤ－１阻害を組み合わせる１０００件以上の臨床試験が進行している（Tang et al., 2018）。ＰＤ－１阻害と最も高頻度に組み合わされるのがＣＴＬＡ－４抗体であり、続いて順に化学療法、放射線治療、抗ＶＥＧＦ剤、化学放射線療法である。動物モデルで免疫系が正常に機能していないと、化学療法も放射線治療も、腫瘍の増殖抑制に効果を示さないことは覚えておきたい（Apetoh et al., 2007; Takeshima et al., 2010）。

私たちの研究室では、まったく異なるアプローチを取った。Ｔ細胞の活性化には、細胞のエネルギー生成器官であるミトコンドリアの活性化をともなうことを、私たちや他の研究者が発見した（Chamoto et al., 2017; Fox et al., 2005）。このエネルギーはおそらく、抗原刺激の直後に続く細胞分裂を支えるのに必要であろう。ＣＴＬは約８時間ごとに分裂するが、1日に数回、娘《じょう》細胞を形成するのに必要なタンパク質と核酸を生成するために、大量の構成材料とエネルギーを必要とする。そのため、私たちは、活性T細胞のミトコンドリアの活動を高める化学物質を探した。PGC－1$_α$は、脂肪酸酸化と酸化的リン酸化を促進するカギとなる転写補因子であり、ミトコンドリアの活性化に欠かせない（Chamoto et al., 2017; Ventura-Clapier et al., 2008）。私たちの研究室では、茶本健司《ちゃもとけんじ》〔現・京都大学大学院特定准教授〕がPD－1阻害療法の観点から、PGC－1$_α$活性に影響を与える化学物質のスクリーニングを行い、すでに高脂血症の薬剤として認可されていたベザフィブラートが腫瘍成長の抑制のために抗PD－L1抗体と相乗作用することを発見した（Chamoto et al., 2017）（図26）。これを受けて、私たちはベザフィブラートには腫瘍部位の腫瘍特異的CTLの数を増やすための2つの重要な活動があることを見つけた（Chowdhury et al., 2018）。まず、PGC－1$_α$とPPARシグナル伝達を活性化することによって、ベザフィブラートはエフェクターCTLの急速な増殖を促進する。さらに、ベザフィブラートによって強化されたPPARシグナル伝達は細胞死を防ぎ、活性化されたCTLの長期生存をうながすよう

図26 ベザフィブラート(薬剤)による PD-1阻害療法の改善

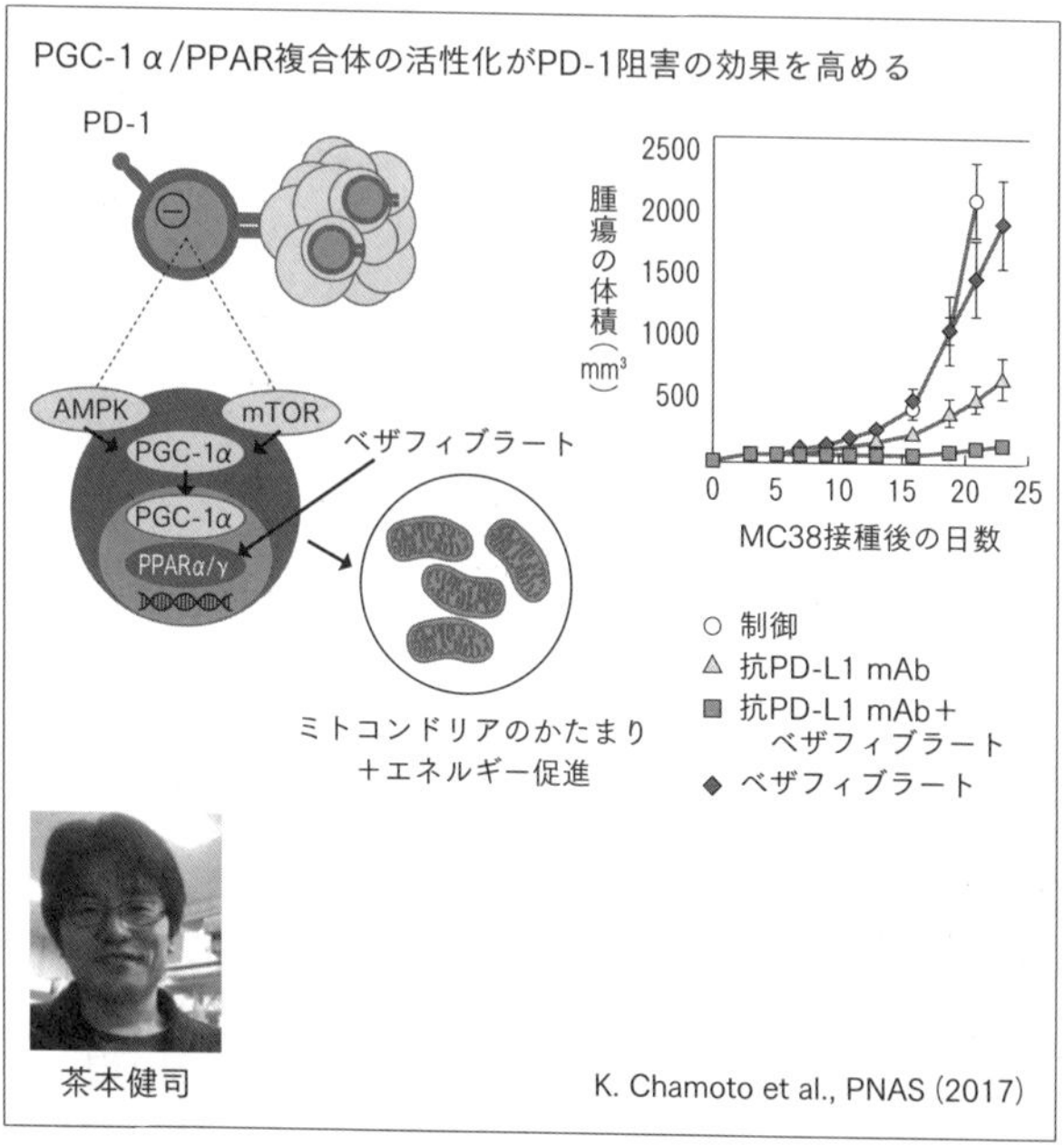

だ。私たちは現在、PD-1阻害とベザフィブラートを組み合わせた第I相臨床試験を、日本で実施している。現在進行中の多数の試験によって、PD-1阻害の有効性を向上させる、多くの他の戦略が特定できることを願っている。

PD-1阻害がん治療の今後の展望

治療を成功させる戦略の改善と並行して、身体全体の根本的な理解を推《お》し進める必要があると、私は考えている。言い換えれば、生理学を理解するためにさらに労力を注がねばならない。これはすでに指摘したように、やりがいのある仕事である。私たちは、PD-1欠損が、実験用マウスの異なる系統で、異なる種類の臓器特異的自己免疫を示すことを発見した。予想通り、PD-1阻害療法を受けている患者の一部は、同じような自己免疫の特徴を発症している。PD-1阻害による副作用のいくつかは、刺激後にT細胞が活発に増殖して機能的な子孫を生成するため、新しい核酸とタンパク質を構築するには膨大なエネルギーと代謝物を必要とする事実に、部分的に起因している。実際、シドニア・ファガラサンのグループは最近、免疫系の活性化がアミノ酸の全身可用性を制限し、脳内の神経伝達物質の合成を妨《さまた》げることを示した(Miyajima et al., 2017)(図27)。たとえば、トリプトファンとチロシンの血清枯渇は、脳内のセロトニンとドーパミンの量を減らし、恐怖反応や不安を高めるといった行動変化を引き起こす。このような全身の生化学的変化は、強い抗原刺激にさらされた場

図27 PD-1ノックアウトマウスの血液生化学に読み取ることができる高度免疫活性

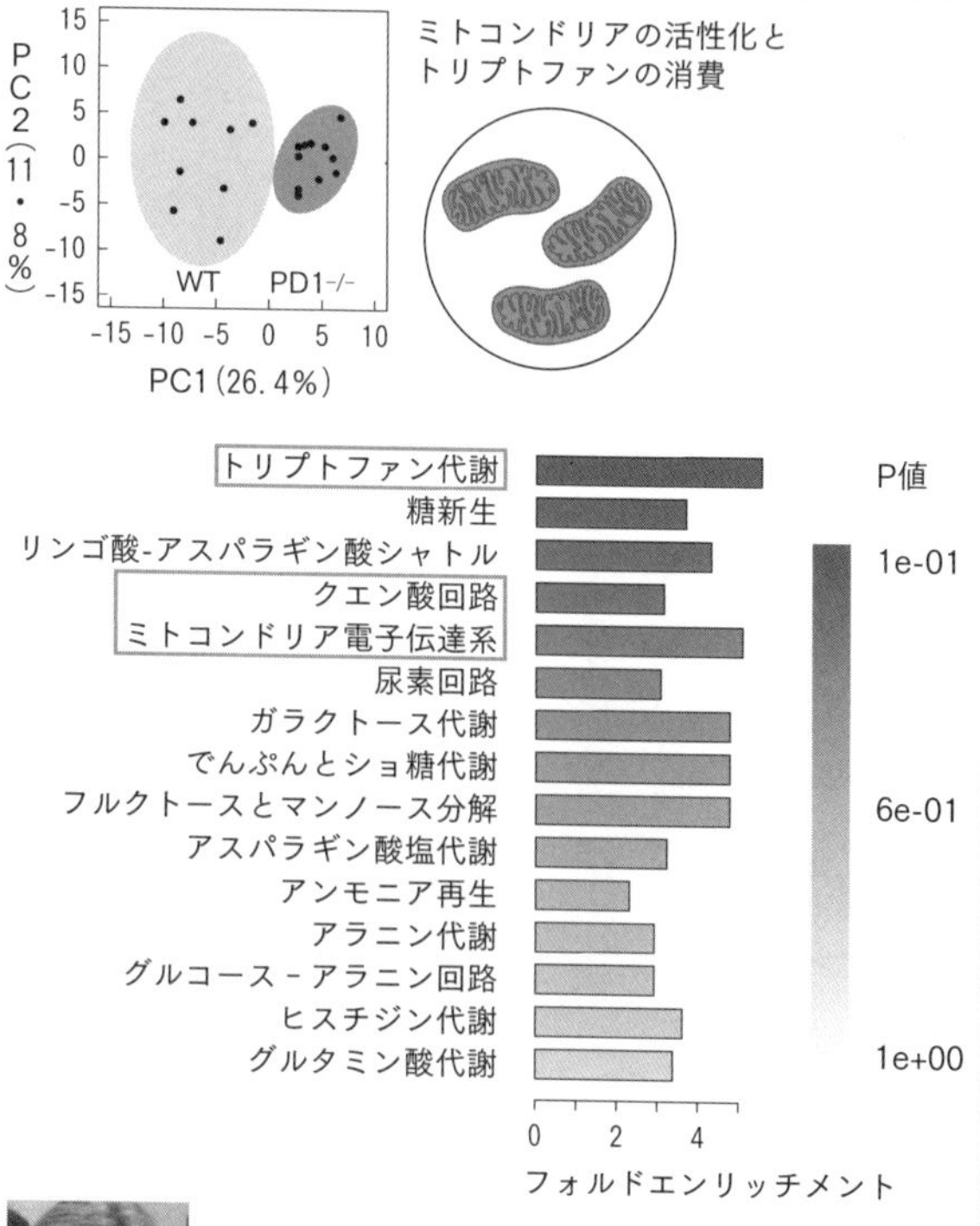

シドニア・
ファガラサン

M. Miyajima, B. Zhang et al., Nat. Immunol. (2017)

合、正常なマウスだけでなく、ＰＤ－１欠損マウスでも観察された。

さらに、ＰＤ－１欠損マウスにおける有害な免疫過剰活性化は、この抑制性受容体の欠如によるものだけでなく、調節不全の腸内微生物叢《そう》によっても引き起こされる(Kawamoto et al., 2012)。ファガラサンのグループは実際、腸内の健康な微生物生態系を維持するためには、ＡＩＤに加えてＰＤ－１も、適切なＩｇＡの選択と生成のために必要な必須分子であることを示した(図28)。ＰＤ－１の欠如は、胚中心のＴ細胞とＢ細胞のバランスを崩し、胚中心Ｔ細胞が増加して、腸の共生を維持するために必要なＩｇＡレパートリーの正常な選択と成熟のプロセスを乱してしまう。

ＡＩＤやＰＤ－１の欠損によって起こる異常な微生物叢が、過剰な免疫活性化を誘発するというファガラサンらによる驚くべき研究は、ＰＤ－１の機能に対する私たちの理解を深めた(Fagarasan et al., 2002; Suzuki et al., 2004)。彼女は、ＡＩＤ欠損により引き起こされた腸内の微生物叢の異常が全身の免疫系を活性化できることを、マウスモデルで示した最初の人物である。最も驚くべきは、ＩｇＡが欠如すると、すべてのリンパ組織の肥大化だけでなく、嫌気性《けんきせい》細菌の特定の種《しゅ》が拡大し、腸管全体に沿っ

図28 AIDとPD-1はIgA選択のために胚中心で協力し、微生物叢と身体の恒常性を維持する

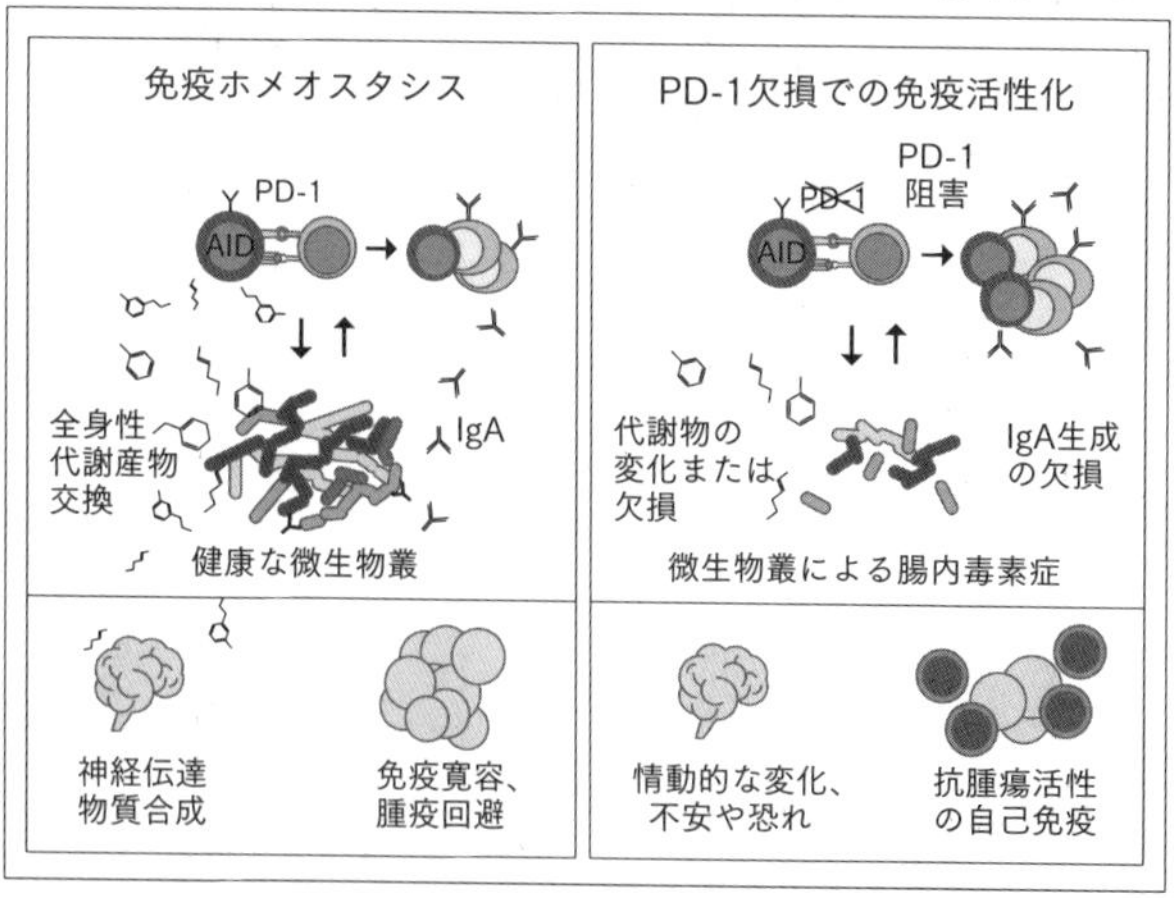

て肥大した結節性構造を引き起こすことだ。偶然にも私の研究の中心となった2つの重要な分子ＡＩＤとＰＤ－１が、このような魅力的な方法で、免疫系だけでなく全身の生理的バランスにもきわめて重要な腸内生態系にも関わっていることがわかった。私はなんと幸運なのだろう。

　これらの研究に基づいて、ＰＤ－１阻害療法が腸内の細菌群集の影響を受けることが発見されたのは当然だろう(Sivan et al., 2015)。私たちもまた、ＡＩＤ欠損マウスにおける抗腫瘍活性を評価し、ＰＤ－１抗体による治療をしなくてもＡＩＤ欠損マウスは腫瘍の成長が劇的に抑制されることを発見した(M.Akrami and R.Menzies ,unpublished data)。さらにファガラサンのグループは、無菌状態で飼育されたＡＩＤ欠損マウスが強い抗腫瘍活性を失うことから、ＡＩＤ欠損マウスの腫瘍の成長に対する強い免疫活性が、微生物叢に依存していることを確認した(M.Miyajima and S. Fagarasn, unpublished data)。したがって、ＰＤ−１は腫瘍に対するＣＴＬの調節に不可欠だが、ＡＩＤもＰＤ−１も微生物叢の調節を通じて、腫瘍に対する免疫能力を高めるために重要であり、腸内微生物叢が個々の免疫の抗腫瘍活性に重要であることを強く示唆している（135ページの図28）。

要約すれば、免疫系や免疫系と他系との相互作用に関する私たちの知識は近年の大きな進歩にもかかわらず、きわめて限られたものである。私たちはまだ、自分たちの身体がどのように機能するかの探索を始めたばかりなのだ。ＰＤ−１というたったひとつの分子でさえ、免疫系のバランスを自己免疫へと傾けたり、細菌群集を調節したり、免疫系と循環器と神経系の生化学に大きな変化をもたらしたりと、健康と病気に対して非常にたくさんの予期せぬ影響を持つ。免疫療法を成功させるには、がんの転《てん》帰《き》〔治療結果〕を改善するだけでなく、治療が身体の他の部分におよぼす影響をすべて解明するまで、学び続けなければならない。

2016年、アンディ・コグランは『ニュー・サイエンティスト（New Scientist）』誌に「Closing in on cancer（がんの終焉）」という記事を発表した。彼は、PD-1阻害療法について、「私たちはがんに対して、ペニシリンに相当するものを発見したところだ」というジェネンテック社のダン・チェン博士の言葉を引用している。彼らは、PD-1阻害療法を、感染症に対するペニシリンの発見に匹敵するものと見なしているわけだ。「ペニシリン自体はすべての感染症を治すことはできなくとも、医学を永久に変える新世代の抗生物質を生み出し、それまでは致命的だった感染症のほとんどを歴史の彼方へ追いやった」（Coghlan. 2016）。こうした、がんと免疫療法の未来への夢が実現することを心から願う。ただし、2018年の段階で、PD-1阻害やCTLA-4阻害との併用による一次治療はメラノーマ、肺がん、腎がんのみに限られている。近い将来、免疫療法が、より多くの種類のがんの第一選択療法になることを望んでいる。PD-1阻害を利用して、腫瘍の増殖と免疫監視のバランスを微調整することで、この破壊的な病気が慢性的で管理可能な状態になることを願っている。特に、虚弱な高齢患者には、腫瘍の成長を制御したり遅くしたりすることに留《とど》めて、がんを「死の病《やまい》」から「共生する病」にすべきかもしれない。振り返れば、予防接種と抗生物質の発見は、感染症を大幅に減らしたという点で、医療における2つの大きな飛躍だった。その予防接種のおかげで、WHO（世界保健機関）は、人間が長く苦しめられてきた天然痘《てんねんとう》ウイルスは完全に根絶されたとさえ宣言したのだ。今世紀中に、免疫療法とその改良プロトコル（それには微生物叢の操作が含まれるかもしれない）でがんを制御するという、次の飛躍が起こることを心から願っている。微生物叢、代謝物、老化プロセスなど、免疫と生理学に影響を与える可能性のあるすべての要因について、私たちの理解は、まだごく初期の段階にある。しかし、過去10年間で、がん免疫療法の急速な発展を目《ま》の当たりにしたように、がん治療の未来は有望であり、がんを克服した世紀として21世紀が記憶されることを願う。

感染症の制御もがん免疫療法も、脊椎《せきつい》動物のきわめて初期の進化段階で発達した獲得免疫なしでは不可能だった。獲得免疫は無顎類《むがくるい》（ヤツメウナギなど、脊椎動物のなかで顎《あご》を持たない魚類）に由来し、独自の酵素能力を備えたＡＩＤ相同分子種によって、多様な分子（異物抗原）に対するＴ系とＢ系細胞分子が生成された（Guo et al., 2009）。のちに、顎を持つ魚では、ＲＡＧ－１とＲＡＧ－２の原型を擁《よう》するトランスポゾン（ＤＮＡ上を移動することができる遺伝子。転移因子とも言う）が、原始の免疫グロブリン様遺伝子に「飛び込んだ」のである。トランスポゾン挿入によって、Ｖ（Ｄ）Ｊ断片の祖先である分割遺伝子とリコンビナーゼ酵素が生成された。ＲＡＧはレパートリー生成におけるＡＩＤの機能に取って代わったが、ＡＩＤはＳＨＭとＣＳＲを含む抗原獲得性の抗体記憶への機能を維持した。こうした劇的な遺伝メカニズムはすべて、感染性病原体との戦いで有利に立てるよう、進化の過程で選択されたものだ。その結果、ヒトはがんとの戦いにおいて、精緻《せいち》な獲得免疫系の恩恵を受けている。がん細胞は突然変異を蓄積して非自己細胞になり、獲得免疫系によって容易に認識される新抗原を発現する。これは明らかに、進化が予期していなかった獲得免疫からの特別ボーナスだ。その意味で、進化からの思いがけない贈り物を享受できる私たち人間は、とても幸運である。

謝辞

私のすべての研究に貢献してくれた、かつての共同研究者、現在の研究室のメンバー、そして松田《まつだ》文彦《ふみひこ》先生〔現・京都大学大学院教授〕とシドニア・ファガラサン先生の研究室の多くの人々に謝意を表したい（図29）。ノーベル賞の授賞式と講演のための企画と編集に協力してくれた、シドニア・ファガラサン、アレクシス・フォーゲルザン、ブレイク・トンプソン、小林牧、茶本健司に感謝したい。また、私には文中に名前を挙げた以外にもたくさんの外部協力者がおり、抗体の多様性とがん免疫療法に関して協力してくれたのは、以下の方々である。E・セベリンソン（ストックホルム大学）、F・アルト（ハーバード大学）、M・ニュッセンツヴァイク（ロックフェラー大学）、A・フィシャー（ネッカー小児病院）、A・デュランディ（ネッカー小児病院）、千《ち》葉《ば》勉《つとむ》（京都大学医学部附属病院）、濱西潤三（京都大学医学部附属病院）、G・フリーマン（ダナ・ファーバーがん研究所）、湊長博（京都大学）、藤《ふじ》井《い》聡《さとし》（京都大学）、小西《こにし》郁《いく》生《お》（京都大学）。献身的なスタッフ全員に大変感謝している。彼らがいなければ、私の成果は達成できなかっただろう。また、私の研究を長年支えてくれた多くの資金提供機

図29 現在の同僚と長年の共同研究者たち

京都大学大学院医学研究科免疫ゲノム医学の研究者たち(左)、理化学研究所生命医科学研究センター粘膜免疫研究チーム チームリーダーのシドニア・ファガラサン(右上)、京都大学大学院医学研究科の松田《まつだ》文彦《ふみひこ》教授(右下)

関にも、感謝したい。最後になったが、惜《お》しみなく支えてくれた私の家族に感謝したい。

参考文献

Agata, Y., Kawasaki, A., Nishimura, H., Ishida, Y., Tsubata, T., Yagita, H., and Honjo, T. (1996). Expression of the PD-1 antigen on the surface of stimulated mouse T and B lymphocytes. *International Immunology* 8, 765-772.

Alexandrov, L. B., Nik-Zainal, S., Wedge, D. C., Aparicio, S. A., Behjati, S., Biankin, A. V., Bignell, G. R., Bolli, N., Borg, A., Borresen-Dale, A. L., *et al*., (2013). Signatures of mutational processes in human cancer. *Nature* 500, 415-421.

Ansell, S. M., Lesokhin, A. M., Borrello, I., Halwani, A., Scott, E. C., Gutierrez, M., Schuster, S. J., Millenson, M. M., Cattry, D., Freeman, G. J., *et al*., (2015). PD-1 blockade with nivolumab in relapsed or refractory Hodgkin's lymphoma. *The New England journal of medicine* 372, 311-319.

Apetoh, L., Ghiringhelli, F., Tesniere, A., Obeid, M., Ortiz, C., Criollo, A., Mignot, G., Maiuri, M. C., Ullrich, E., Saulnier, P., *et al*., (2007). Toll-like receptor 4-dependent contribution of the immune system to anticancer chemotherapy and radiotherapy. *Nature medicine* 13, 1050-1059.

Azuma, C., Tanabe, T., Konishi, M., Kinashi, T., Noma, T., Matsuda, F., Yaoita, Y., Takatsu, K., Hammarström, L., Smith, C. I. E., *et al*., (1986). Cloning of cDNA for human T-cell replacing factor（interleukin-5） and comparison with the murine homologue. *Nucleic acids research* 14, 9149-9158.

Begum, N. A., Nagaoka, H., Kobayashi, M., and Honjo, T.（2015）. Chapter 18 - Molecular Mechanisms of AID Function. In *Molecular Biology of B Cells*（*Second Edition*）, F.W. Alt, T. Honjo, A. Radbruch, and M. Reth, eds.（London: Academic Press）, pp. 305-344.

Brack, C., Hirama, M., Lenhard-Schuller, R., and Tonegawa, S.（1978）. A complete immunoglobulin gene is created by somatic recombination. *Cell* 15, 1-14.

Brown, D. D., and Weber, C. S.（1968）. Gene linkage by RNA-DNA hybridization: I. Unique DNA sequences homologous to 4s RNA, 5s RNA and ribosomal RNA. *Journal of Molecular Biology* 34, 661-680.

Brunet, J.-F., Denizot, F., Luciani, M-F., Roux-Dosseto, M., Suzan, M., Mattei, M.-G., and Golstein, P.（1987）. A new member of the immunoglobulin superfamily—CTLA-4. *Nature* 328, 267-270.

Burnet, M.（1957）. Cancer: a biological approach. III. Viruses associated with neoplastic conditions. IV. Practical applications. *British medical journal* 1, 841-847.

Chamoto, K., Chowdhury, P. S., Kumar, A., Sonomura, K., Matsuda, F., Fagarasan, S., and Honjo, T.（2017）. Mitochondrial activation chemicals synergize with surface receptor PD-1 blockade for T cell-dependent antitumor activity. *Proceedings of the National Academy of Sciences of the United States of America* 114, E761-E770.

Chowdhury, P. S., Chamoto, K., and Honjo, T. (2018). Combination therapy strategies for improving PD-1 blockade efficacy: a new era in cancer immunotherapy. *Journal of internal medicine* 283, 110-120.

Coghlan, A. (2016). Closing in on Cancer. *New Scientist* 229, 34-37.

Colwell, J. (2015). Is PD-L1 Expression a Biomarker of Response? *Cancer discovery* 5, 1232.

Cory, S., Webb, E., Gough, J., and Adams, J.M. (1981). Recombination events near the immunoglobulin Cmu gene join variable and constant region genes, switch heavy-chain expression, or inactivate the locus. *Biochemistry* 20, 2662-2671.

Davis, M. M., Kim, S. K., and Hood, L. (1980). Immunoglobulin class switching: Developmentally regulated DNA rearrangements during differentiation. *Cell* 22, 1-2.

Edelman, G. M. (1959). Dissociation of γ-globulin. *Journal of the American Chemical Society* 81, 3155-3156.

Fagarasan, S., Muramatsu, M., Suzuki, K., Nagaoka, H., Hiai, H., and Honjo, T. (2002). Critical roles of activation-induced cytidine deaminase in the homeostasis of gut flora. *Science* 298, 1424-1427.

Fox, C. J., Hammerman, P. S., and Thompson, C. B. (2005). Fuel feeds function: energy metabolism and the T-cell response. *Nature reviews. Immunology* 5, 844-852.

Freeman, G. J., Long, A. J., Iwai, Y., Bourque, K., Chernova, T., Nishimura, H., Fitz, L. J., Malenkovich, N., Okazaki, T., Byrne, M. C., Horton, H. F., Fouser, L., Carter, L., Ling, V., Bowman, M. R., Carreno, B. M., Collins, M., Wood, C. R. and Honjo, T. (2000). Engagement of the PD-1 immunoinhibitory receptor by a novel B7 family member leads to negative regulation of lymphocyte activation. *Journal of Experimental Medicine* 192, 1027-1034.

Gong, J., Chehrazi-Raffle, A., Reddi, S., and Salgia, R. (2018). Development of PD-1 and PD-L1 inhibitors as a form of cancer immunotherapy: a comprehensive review of registration trials and future considerations. *Journal for immunotherapy of cancer* 6, 8.

Guo, P., Hirano, M., Herrin, B.R., Li, J., Yu, C., Sadlonova, A., and Cooper, M.D. (2009). Dual nature of the adaptive immune system in lampreys. *Nature* 459, 796-801.

Hamanishi, J., Mandai, M., Ikeda, T., Minami, M., Kawaguchi, A., Murayama, T., Kanai, M., Mori, Y., Matsumoto, S., Chikuma, S., *et al.*, (2015). Safety and Antitumor Activity of Anti-PD-1 Antibody, Nivolumab, in Patients with Platinum-Resistant Ovarian Cancer. *Journal of clinical oncology: official journal of the American Society of Clinical Oncology* 33, 4015-

4022.

Hilschmann, N., and Craig, L. C. （1965）. Amino acid sequence studies with Bence-Jones proteins. *Proceedings of the National Academy of Sciences of the United States of America* 53, 1403-1409.

Honjo, T., Packman, S., Swan, D., Nau, M., and Leder, P. （1974）. Organization of immunoglobulin genes: reiteration frequency of the mouse kappa chain constant region gene. *Proceedings of the National Academy of Sciences of the United States of America* 71, 3659-3663.

Honjo, T., and Kataoka, T. （1978）. Organization of immunoglobulin heavy chain genes and allelic deletion model. *Proceedings of the National Academy of Sciences of the United States of America* 75, 2140-2144.

Ishida, Y., Agata, Y., Shibahara, K., and Honjo, T. （1992）. Induced expression of PD-1, a novel member of the immunoglobulin gene superfamily, upon programmed cell death. *The EMBO journal* 11, 3887-3895.

Iwai, Y., Ishida, M., Tanaka, Y., Okazaki, T., Honjo, T., and Minato, N. （2002）. Involvement of PD-L1 on tumor cells in the escape from host immune system and tumor immunotherapy by PD-L1 blockade. *Proceedings of the National Academy of Sciences of the United States of*

America 99, 12293-12297.

Iwai, Y., Terawaki, S., and Honjo, T.（2005）. PD-1 blockade inhibits hematogenous spread of poorly immunogenic tumor cells by enhanced recruitment of effector T cells. *International Immunology* 17, 133-144.

Iwasato, T., Shimizu, A., Honjo, T., and Yamagishi, H.（1990）. Circular DNA is excised by immunoglobulin class switch recombination. *Cell* 62, 143-149.

Kataoka, T., Kawakami, T., Takahashi, N., and Honjo, T.（1980）. Rearrangement of immunoglobulin gamma 1-chain gene and mechanism for heavy-chain class switch. *Proceedings of the National Academy of Sciences of the United States of America* 77, 919-923.

Kataoka, T., Miyata, T., and Honjo, T.（1981）. Repetitive sequences in class-switch recombination regions of immunoglobulin heavy chain genes. *Cell* 23, 357-368.

Kawamoto, S., Tran, T. H., Maruya, M., Suzuki, K., Doi, Y., Tsutsui, Y., Kato, L. M., and Fagarasan, S.（2012）. The inhibitory receptor PD-1 regulates IgA selection and bacterial composition in the gut. *Science* 336, 485-489.

Krummel, M. F., and Allison, J. P.（1995）. CD28 and CTLA-4 have opposing effects on the response of T cells to stimulation. *The Journal of experimental medicine* 182, 459-465.

Maki, R., Traunecker, A., Sakano, H., Roeder, W., and Tonegawa, S. (1980). Exon shuffling generates an immunoglobulin heavy chain gene. *Proceedings of the National Academy of Sciences of the United States of America* 77, 2138-2142.

Martincorena, I., and Campbell, P. J. (2015). Somatic mutation in cancer and normal cells. *Science* 349, 1483-1489.

Meng, F.-L., Alt, F. W., and Tian, M. (2015). Chapter 19 - The Mechanism of IgH Class Switch Recombination. In *Molecular Biology of B Cells* (*Second Edition*), F.W. Alt, T. Honjo, A. Radbruch, and M. Reth, eds. (London: Academic Press), pp. 345-362.

Miyajima, M., Zhang, B., Sugiura, Y., Sonomura, K., Guerrini, M. M., Tsutsui, Y., Maruya, M., Vogelzang, A., Chamoto, K., Honda, K., *et al*., (2017). Metabolic shift induced by systemic activation of T cells in PD-1-deficient mice perturbs brain monoamines and emotional behavior. *Nature Immunology* 18, 1342-1352.

Muramatsu, M., Sankaranand, V. S., Anant, S., Sugai, M., Kinoshita, K., Davidson, N. O., and Honjo, T. (1999). Specific expression of activation-induced cytidine deaminase (AID), a novel member of the RNA-editing deaminase family in germinal center B cells. *The Journal of Biological Chemistry* 274, 18470-18476.

Muramatsu, M., Kinoshita, K., Fagarasan, S., Yamada, S., Shinkai, Y., and Honjo, T. (2000).

Class switch recombination and hypermutation require activation-induced cytidine deaminase (AID), a potential RNA editing enzyme. *Cell* 102, 553-563.

Nakamura, M., Kondo, S., Sugai, M., Nazarea, M., Imamura, S., and Honjo, T. (1996). High frequency class switching of an IgM^{+} B lymphoma clone CH12F3 to IgA^{+} cells. *International Immunology* 8, 193-201.

Nishimura, H., Minato, N., Nakano. T., and Honjo, T. (1998). Immunological studies on PD-1 deficient mice: implication of PD-1 as a negative regulator for B cell responses. *International Immunology* 10, 1563-1572.

Nishimura, H., Nose, M., Hiai, H., Minato, N., and Honjo, T. (1999). Development of lupus-like autoimmune diseases by disruption of the PD-1 gene encoding an ITIM motif-carrying immunoreceptor. *Immunity* 11, 141-151.

Nishimura, H., Okazaki, T., Tanaka, Y., Nakatani, K., Hara, M., Matsumori, A., Sasayama, S., Mizoguchi, A., Hiai, H., Minato, N., and Honjo, T. (2001). Autoimmune dilated cardiomyopathy in PD-1 receptor-deficient mice. *Science* 291, 319-322.

Noma, Y., Sideras, P., Naito, T., Bergstedt-Lindquist, S., Azuma, C., Severinson, E., Tanabe, T., Kinashi, T., Matsuda, F., Yaoita, Y., and Honjo, T. (1986). Cloning of cDNA encoding the murine IgG1 induction factor by a novel strategy using SP6 promoter. *Nature* 319, 640-646.

Okazaki, T., Maeda, A., Nishimura, H., Kurosaki, T., and Honjo, T. (2001). PD-1 immunoreceptor inhibits B cell receptor-mediated signaling by recruiting src homology 2-domain-containing tyrosine phosphatase 2 to phosphotyrosine. *Proceedings of the National Academy of Sciences of the United States of America* 98, 13866-13871.

Ono, M., Kondo, T., Kawakami, M., and Honjo, T. (1977). Purification of immunoglobulin heavy chain messenger RNA by immunoprecipitation from the mouse myeloma tumor, MOPC-31C. *The Journal of Biochemistry* 81, 949-954.

Porter, R. R. (1959). The hydrolysis of rabbit γ-globulin and antibodies with crystalline papain. *Biochemical Journal* 73, 119-127.

Putnam, F. W., and Easley, C. W. (1965). Structural Studies of the Immunoglobulins: I. THE TRYPTIC PEPTIDES OF BENCE-JONES PROTEINS. *The Journal of Biological Chemistry* 240, 1626-1638.

Rabbitts, T. H., Forster, A., and Milstein, C. P. (1981). Human immunoglobulin heavy chain genes: evolutionary comparisons of $C\mu$, $C\delta$ and $C\gamma$ genes and associated switch sequences. *Nucleic Acids Research* 9, 4509-4524.

Revy, P., Muto, T., Levy, Y., Geissmann, F., Plebani, A., Sanal, O., Catalan, N., Forveille, M., Dufourcq-Lagelouse, R., Gennery, A., *et al.*, (2000). Activation-Induced cytidine deaminase

(AID) deficiency causes the autosomal recessive form of the Hyper-IgM syndrome (HIGM2). *Cell* 102, 565-575.

Robert, C., Long, G. V., Brady, B., Dutriaux, C., Maio, M., Mortier, L., Hassel, J. C., Rutkowski, P., McNeil, C., Kalinka-Warzocha, E., *et al*., (2015). Nivolumab in previously untreated melanoma without BRAF mutation. *The New England journal of medicine* 372, 320-330.

Shimizu, A., Takahashi, N., Yaoita, Y., and Honjo, T. (1982). Organization of the constant-region gene family of the mouse immunoglobulin heavy chain. *Cell* 28, 499-506.

Sivan, A., Corrales, L., Hubert, N., Williams, J. B., Aquino-Michaels, K., Earley, Z. M., Benyamin, F. W., Lei, Y. M., Jabri, B., Alegre, M. L., *et al*., (2015). Commensal Bifidobacterium promotes antitumor immunity and facilitates anti-PD-L1 efficacy. *Science* 350, 1084-1089.

Suzuki, K., Meek, B., Doi, Y., Muramatsu, M., Chiba, T., Honjo, T., and Fagarasan, S. (2004). Aberrant expansion of segmented filamentous bacteria in IgA-deficient gut. *Proceedings of the National Academy of Sciences of the United States of America* 101, 1981-1986.

Takeshima, T., Chamoto, K., Wakita, D., Ohkuri, T., Togashi, Y., Shirato, H., Kitamura, H., and Nishimura, T. (2010). Local radiation therapy inhibits tumor growth through the generation of tumor-specific CTL: its potentiation by combination with Th1 cell therapy. *Cancer research* 70, 2697-2706.

Tang, J., Shalabi, A., and Hubbard-Lucey, V. M. (2018). Comprehensive analysis of the clinical immuno-oncology landscape. *Annals of oncology: official journal of the European Society for Medical Oncology* 29, 84-91.

Titani, K., Whitley, E. Jr., Avogardo, L., and Putnam, F.W. (1965). Immunoglobulin Structure: partial amino acid sequence of a Bence Jones protein. *Science* 149, 1090-1092.

Tivol, E. A., Borriello, F., Schweitzer, A. N., Lynch, W. P., Bluestone, J. A., and Sharpe, A. H. (1995). Loss of CTLA-4 leads to massive lymphoproliferation and fatal multiorgan tissue destruction, revealing a critical negative regulatory role of CTLA-4. *Immunity* 3, 541-547.

Topalian, S. L., Hodi, F. S., Brahmer, J. R., Gettinger, S. N., Smith, D. C., McDermott, D. F., Powderly, J. D., Carvajal, R. D., Sosman, J. A., Atkins, M. B., *et al*., (2012). Safety, activity, and immune correlates of anti-PD-1 antibody in cancer. *The New England journal of medicine* 366, 2443-2454.

Ventura-Clapier, R., Garnier, A., and Veksler, V. (2008). Transcriptional control of mitochondrial biogenesis: the central role of PGC-1alpha. *Cardiovascular research* 79, 208-217.

Walunas, T. L., Lenschow, D. J., Bakker, C. Y., Linsley, P. S., Freeman, G. J., Green, J. M., Thompson, C. B., and Bluestone, J. A. (1994). CTLA-4 can function as a negative regulator of T cell activation. *Immunity* 1, 405-413.

Wang, J., Yoshida, T., Nakaki, F., Hiai, H., Okazaki, T., and Honjo, T. (2005). Establishment of NOD-Pdcd1-/- mice as an efficient animal model of type I diabetes. *Proceedings of the National Academy of Sciences of the United States of America* 102, 11823-11828.

Wang, J., Okazaki, I. M., Yoshida, T., Chikuma, S., Kato, Y., Nakaki, F., Hiai, H., Honjo, T., and Okazaki, T. (2010). PD-1 deficiency results in the development of fatal myocarditis in MRL mice. *International Immunology* 22, 443-452.

Waterhouse, P., Penninger, J. M., Timms, E., Wakeham, A., Shahinian, A., Lee, K. P., Thompson, C. B., Griesser, H., and Mak, T. W. (1995). Lymphoproliferative disorders with early lethality in mice deficient in Ctla-4. *Science* 270, 985-988.

——２０１８年ノーベル生理学・医学賞受賞記念講演「Serendipities of Acquired Immunity」より（訳／竹内 薫）

免疫の力でがんを治せる時代

近年の医学の進歩によってヒトの平均寿命は著《いちじる》しく延《の》び、日本人女性は87歳、男性は81歳と報告されています。このような長寿社会を迎え、従来からの課題である「どのように幸福に生きるか」だけではなく、今や「どのようにして幸福な死を迎えるか」ということが重要な課題となっております。私も含めて大多数の人が病《やまい》にかからず自然死を迎えたいと願っていると思いますが、残念ながら、大部分の人が病で亡くなります。わが国では病死の中でもがんは30％を占め、毎年１００万人が新たにがんと診断され、40万人が亡くなっています。また、人口の高齢化と共にがんの発症者数と死亡者数は年々増加しております。

がんの治療法も徐々に進歩を遂げており、乳がんでは5年以上生存する率は91％で10年以上生存する人も珍しくありません。しかし、なかには膵臓《すいぞう》がんや肺がんのように5年生存率が10％未満から40％程度と治療成績の低いがんもあります。これまでのがん治療法は、外科的手術、放射線照射および抗がん剤投与が主流です。これら3つの治療法を、がんの種類や進行度によって組み合わせて治療します。不幸にして治療が成功せず、末期がんとなった患者の苦しみを見聞きすることによって、がんは最も恐ろしい病だと多くの人が考えています。

ところが、2011年から2014年にかけて、自分が持つ免疫力を高めることによる新しいがん治療法が実用化されました。新しいがん免疫療法は従来のがん治療法が成し得なかった、次の3つの大きな福音をもたらしました。第一に従来の方法ではまったく望みがなかった末期がん患者のうち20~30%が救われたこと、第二はその効果はいったん効《き》き始めると薬の投与を止めたあとも数年以上持続すること、第三に副作用が他の治療法に比べてはるかに軽く、十分な注意をすれば重い副作用で苦しむことが稀《まれ》になったということです。

この革新的がん治療を可能にした免疫の力とは、侵入して来る外敵、すなわち細菌やウイルスのような病原体を見つけて攻撃し、排除する力です。このために、免疫細胞すなわちリンパ球は自分の体の細胞成分と外敵とのわずかの違いも区別し、監視し排除できる異物センサーを備えています。また、免疫は一度出会った病原体を記憶しており、次に出会った時には短時間で強力な攻撃力を持つ異物センサー、すなわち抗《こう》体《たい》を作ります。天然痘の予防などにワクチンが効果があるのは、このような抗原記憶《こうげん》を誘導することができるからです。ヒトやマウスなどの動物が持つ異物センサーの種類は非常に多く、まるで無限のようです。たとえば、人工的に作った化学物質をタンパク質と結合させて抗原としてマウスに注入すると、これまで動物が進化の過程で一度も出会ったことがないと思われる化学物質に結合する抗体を作り、また、記憶できます。限られた遺伝子を持つマウスなどの動物がまるで無限の異物センサーを作る能力を持つかのような現象は、20世紀後半の生物学における大きな謎でした。

1970年代以降の分子生物学の発展により、この謎がほぼ解明されました。まず、骨髄《こつずい》細胞からリンパ球が生まれる時に遺伝子の編集が起こり、リンパ球ごとに異なった異物センサーを持つようになります。この結果、一人ひとりの体内で多種多様な異物センサーのレパートリーを作る原理が利根川進博士により発見されました。のちに米国のグループがこれを司る酵素としてRAG-1とRAG-2を発見しました。

一方、先ほど述べたように天然痘ワクチンなどの投与によって抗原記憶を生む仕組みはまったく別です。私たちは２０００年に、抗原刺激によってＡＩＤという酵素が発現し、異物センサーすなわち抗体の遺伝子に新たな変化を刻《きざ》み込み、異物センサーの機能を高めることを発見しました。これほど精緻《せいち》で無限とも思える遺伝子を変化させて作る異物センサーの仕組みは、約５億年前に誕生した原始脊椎動物が、進化の過程で獲得したものです。脊椎動物の原始型として現存しているヤツメウナギは、ＡＩＤの祖先型の酵素の働きでリンパ球でのレパートリー形成にも関わります。ＲＡＧ−１とＲＡＧ−２は硬骨魚類への進化の段階で獲得された酵素です。ヒトや動物の免疫系はＲＡＧ−１、ＲＡＧ−２とＡＩＤの２群の酵素の働きで異物センサー遺伝子のレパートリーを作り、さらに変化させ、膨大なアンテナを張り巡らせて侵入する外敵を監視し排除することができます。

しかし、この仕組みは両刃《もろは》の剣《つるぎ》です。もし、このようなセンサーが自分の細胞を間違って敵と認識したり、過剰な反応をした場合には重大な病気を引き起こし、死に至ることがあります。したがって、免疫系が正しく働くためには、自動車のように、アクセルとブレーキが必要です。アクセル役をする分子はセンサーが異物を捕《つか》まえた時に同調して働き、免疫細胞は活性化されます。一方、過剰な免疫反応を抑えるために、2種類のブレーキ役の分子が存在します。これは自動車にたとえるならば、駐車場におけるパーキングブレーキに相当するCTLA-4と、道路走行中に使うペダルブレーキに相当するPD-1と呼ばれる分子です。PD-1は私たちが1992年に発見し、6年かけてこれが免疫反応のブレーキであることを明らかにしました。

免疫系の監視システムはがん細胞も捕《と》らえ排除できるはずだと予想されていましたが、多くの研究者の永年の努力にもかかわらず、免疫系を使ってがんを治すという試《こころ》みは成功しませんでした。その理由としては、研究者は免疫のアクセルを踏むことによるがん治療に集中してきたのですが、実はがん細胞は免疫にブレーキを入れてその攻撃を逃れることで大きな腫瘍になっていたのです。逆に考えると、大部分のがん細胞は生まれても大きな腫瘍になる前に免疫の力で殺されていたのです。事実、臓器移植を受け長期に免疫抑制剤を服用した人では、がんの発症率が数倍から10倍以上高くなります。そこで発想を変えて、アクセルを踏み込むのではなくブレーキを外《はず》してやることによって免疫力を強化し、がんを治療するという試みがジム・アリソン博士によって1996年に報告されました。彼は、CTLA-4に結合して駐車ブレーキを利《き》かなくする抗体を使ってがん治療が可能なことをマウスで証明しました。しかし、CTLA-4という駐車ブレーキを破壊したマウスは免疫力が暴走し、きわめて強い全身性の自己免疫症状を起こすので、生後4週間か5週間で死んでしまいます。

一方、PD-1ブレーキを破壊したマウスでは、道路において車のエンジンブレーキ等の自動制動作用が働くかのように、自己免疫症状はゆっくりと、しかも局所に現れます。これらのことから、CTLA-4を抑えると強い副作用が起こりヒトには使えない可能性があると考えて、私たちは2002年にPD-1ブレーキを利かなくする抗体を使ってがんの治療ができることをマウスで証明しました。

そこで私は、PD-1ブレーキを利かなくする抗体を使ってヒトのがん治療に応用することを考え、製薬企業の協力を求めました。しかし、2002年の段階では免疫力でがんを治す試みが長年失敗の連続だったせいで、「ブレーキを外して免疫力を強化し、がんを治す」という新しい発想に開発投資をする企業は当初皆無でした。幸《さいわ》い米国のベンチャー企業が私どもの特許に注目し、共同研究を申し出てくれて、2006年からヒトを対象とした臨床試験が始まりました。まもなく、PD-1抗体は驚異的な効果を示すことが明らかとなりました。2012年には肺がん、メラノーマという皮膚《ひふ》がん、腎がんの末期患者の20~30%に有効だという報告が発表されました。さらに、多くのがん専門家を驚かせたのは、この治療を行い有効であった患者さんへの薬剤投与を中止しても、再発がなかったということです。副作用は肺線維症、大腸炎などの自己免疫病が見られましたが、抗がん剤などに比べてきわめて軽く、また副作用もステロイドによって治療が可能です。その後、リンパ腫、頭頸部《とうけい》がん、胃がんなどで次々に臨床試験が行われ、いずれも従来の抗がん剤よりも有効であることが示されました。CTLA-4抗体はこれより早く2004年からメラノーマに対して臨床試験で有効性が示され、2011年に治療薬として認可が得られました。PD-1抗体は2014年にやはりメラノーマの治療薬として承認を得られ、現在、肺がん、腎がん、大腸がん、リンパ腫、頭頸部がん、胃がんなど12種類以上に使うことが認められています。一方、CTLA-4抗体は予想どおり副作用が強く、単独ではメラノーマのみです。ＰＤ－１抗体との併用では肺がん、腎がん、大腸がんへの治療の承認が行われました。

なぜがん細胞が免疫細胞によって異物と認識されるのかという理由は、近年のがん細胞の遺伝子解析の結果からその解答が得られました。すなわち、がん細胞は急速に分裂を繰り返すために１細胞あたり１０００個から１万個の様々な遺伝子に傷がつき、その結果自分の細胞とは違う実質的に異物と等しい細胞に変わるので、免疫系の異物センサーに捕らえられ、排除されるのです。脊椎動物が病原体との戦いの進化の過程で獲得した精緻な異物センサーシステムが、がん細胞の排除にも役立つことは想定外のボーナスと言ってもよいでしょう。現在、ＰＤ－１抗体による治療はますますその対象を広げ、ごく最近、遺伝子に高頻度の変化があるがんはすべて治療対象にしてよいとＦＤＡが認可し、ほぼすべてのがんに使える状況となりました。

しかし、ＰＤ－１ブレーキを外す治療法ですべてのがん患者が救われるということになったわけではありません。残念ながら、効く人と効かない人があります。また、軽いとはいえ、人によっては自己免疫病という副作用を引き起こすこともあります。

現在、多くの研究者がＰＤ－１抗体と各種の治療法との組み合わせで治療効果をあげようとしています。たとえば、少量の抗がん剤や低線量の放射線照射との組み合わせで、ＰＤ－１抗体の効果をいっそう高めようと試みています。また、ＣＴＬＡ－４とＰＤ－１以外の弱いブレーキが発見され、これを外すことも試みられています。また私たちも、免疫細胞の代謝を活性化させる薬剤とＰＤ－１抗体を組み合わせることによって、いっそうの治療効果が得られることをマウスの実験で示しました。ＰＤ－１と何らかの薬剤との組み合わせによるがん治療の臨床試験中のものは、現在１０００種類にもおよんでいます。

効く人と効かない人との識別についても多く研究が行われております。先に述べましたように、がん細胞の中にたくさんの遺伝子変異が蓄積して異物のようになったがん種にはよく効きます。もうひとつ重要なのは患者自身の免疫力が強いかどうかですが、ヒトの免疫力は千差万別です。たとえば、同じインフルエンザウイルスに感染したとしてもくしゃみや鼻水ですむ人と、40度近い高熱で場合によっては死に至る人がいます。免疫力に関わる遺伝子は恐らく何百もあり、ヒトのＤＮＡを調べることでその人の免疫力が強いかどうかを判定することは容易ではありません。そこで、免疫細胞が持つ様々なタンパク質の発現を指標にして、これを解明しようとする努力が私たちも含め多数の研究者によって行われておりますが、今のところ、明確な指標はまだ確立していません。

2016年に『ニュー・サイエンティスト』という英国の科学雑誌は、「我々は今、がんにおけるペニシリンの発見とも言うべき時期にいる」と述べています。この記事では、感染症の治療に劇的なインパクトを与えたのはペニシリンだが、ペニシリンによってすべての感染症治療が完成したわけではなく、その後何十年にもおよぶ多くの人の努力によって次々と新しい抗生物質が発見され、20世紀末には感染症がほぼ克服されたことを例として、PD-1抗体によるがん治療の進歩によりがんが征圧され、誰もが安らかな死を迎える日が来るのではないかと示唆しております。この夢が実現することを切に願っております。

――講書始の儀におけるご進講（2019年1月11日）より

Wang, J., Yoshida, T., Nakaki, F., Hiai, H., Okazaki, T., and Honjo, T. (2005). Establishment of NOD-Pdcd1-/- mice as an efficient animal model of type I diabetes. *Proceedings of the National Academy of Sciences of the United States of America* 102, 11823-11828.

Wang, J., Okazaki, I. M., Yoshida, T., Chikuma, S., Kato, Y., Nakaki, F., Hiai, H., Honjo, T., and Okazaki, T. (2010). PD-1 deficiency results in the development of fatal myocarditis in MRL mice. *International Immunology* 22, 443-452.

Waterhouse, P., Penninger, J. M., Timms, E., Wakeham, A., Shahinian, A., Lee, K. P., Thompson, C. B., Griesser, H., and Mak, T. W. (1995). Lymphoproliferative disorders with early lethality in mice deficient in Ctla-4. *Science* 270, 985-988.

generation of tumor-specific CTL: its potentiation by combination with Th1 cell therapy. *Cancer research* 70, 2697-2706.

Tang, J., Shalabi, A., and Hubbard-Lucey, V. M. (2018). Comprehensive analysis of the clinical immuno-oncology landscape. *Annals of oncology: official journal of the European Society for Medical Oncology* 29, 84-91.

Titani, K., Whitley, E. Jr., Avogardo, L., and Putnam, F.W. (1965). Immunoglobulin Structure: partial amino acid sequence of a Bence Jones protein. *Science* 149, 1090-1092.

Tivol, E. A., Borriello, F., Schweitzer, A. N., Lynch, W. P., Bluestone, J. A., and Sharpe, A. H. (1995). Loss of CTLA-4 leads to massive lymphoproliferation and fatal multiorgan tissue destruction, revealing a critical negative regulatory role of CTLA-4. *Immunity* 3, 541-547.

Topalian, S. L., Hodi, F. S., Brahmer, J. R., Gettinger, S. N., Smith, D. C., McDermott, D. F., Powderly, J. D., Carvajal, R. D., Sosman, J. A., Atkins, M. B., *et al.*, (2012). Safety, activity, and immune correlates of anti-PD-1 antibody in cancer. *The New England journal of medicine* 366, 2443-2454.

Ventura-Clapier, R., Garnier, A., and Veksler, V. (2008). Transcriptional control of mitochondrial biogenesis: the central role of PGC-1alpha. *Cardiovascular research* 79, 208-217.

Walunas, T. L., Lenschow, D. J., Bakker, C. Y., Linsley, P. S., Freeman, G. J., Green, J. M., Thompson, C. B., and Bluestone, J. A. (1994). CTLA-4 can function as a negative regulator of T cell activation. *Immunity* 1, 405-413.

immunoglobulin heavy chain genes: evolutionary comparisons of Cμ, Cδ and Cγ genes and associated switch sequences. *Nucleic Acids Research* 9, 4509-4524.

Revy, P., Muto, T., Levy, Y., Geissmann, F., Plebani, A., Sanal, O., Catalan, N., Forveille, M., Dufourcq-Lagelouse, R., Gennery, A., *et al*,. (2000). Activation-Induced cytidine deaminase (AID) deficiency causes the autosomal recessive form of the Hyper-IgM syndrome (HIGM2). *Cell* 102, 565-575.

Robert, C., Long, G. V., Brady, B., Dutriaux, C., Maio, M., Mortier, L., Hassel, J. C., Rutkowski, P., McNeil, C., Kalinka-Warzocha, E., *et al*., (2015). Nivolumab in previously untreated melanoma without BRAF mutation. *The New England journal of medicine* 372, 320-330.

Shimizu, A., Takahashi, N., Yaoita, Y., and Honjo, T. (1982). Organization of the constant-region gene family of the mouse immunoglobulin heavy chain. *Cell* 28, 499-506.

Sivan, A., Corrales, L., Hubert, N., Williams, J. B., Aquino-Michaels, K., Earley, Z. M., Benyamin, F. W., Lei, Y. M., Jabri, B., Alegre, M. L., *et al*., (2015). Commensal Bifidobacterium promotes antitumor immunity and facilitates anti-PD-L1 efficacy. *Science* 350, 1084-1089.

Suzuki, K., Meek, B., Doi, Y., Muramatsu, M., Chiba, T., Honjo, T., and Fagarasan, S. (2004). Aberrant expansion of segmented filamentous bacteria in IgA-deficient gut. *Proceedings of the National Academy of Sciences of the United States of America* 101, 1981-1986.

Takeshima, T., Chamoto, K., Wakita, D., Ohkuri, T., Togashi, Y., Shirato, H., Kitamura, H., and Nishimura, T. (2010). Local radiation therapy inhibits tumor growth through the carrying immunoreceptor. *Immunity* 11, 141-151.

Nishimura, H., Okazaki, T., Tanaka, Y., Nakatani, K., Hara, M., Matsumori, A., Sasayama, S., Mizoguchi, A., Hiai, H., Minato, N., and Honjo, T. (2001). Autoimmune dilated cardiomyopathy in PD-1 receptor-deficient mice. *Science* 291, 319-322.

Noma, Y., Sideras, P., Naito, T., Bergstedt-Lindquist, S., Azuma, C., Severinson, E., Tanabe, T., Kinashi, T., Matsuda, F., Yaoita, Y., and Honjo, T. (1986). Cloning of cDNA encoding the murine IgG1 induction factor by a novel strategy using SP6 promoter. *Nature* 319, 640-646.

Okazaki, T., Maeda, A., Nishimura, H., Kurosaki, T., and Honjo, T. (2001). PD-1 immunoreceptor inhibits B cell receptor-mediated signaling by recruiting src homology 2-domain-containing tyrosine phosphatase 2 to phosphotyrosine. *Proceedings of the National Academy of Sciences of the United States of America* 98, 13866-13871.

Ono, M., Kondo, T., Kawakami, M., and Honjo, T. (1977). Purification of immunoglobulin heavy chain messenger RNA by immunoprecipitation from the mouse myeloma tumor, MOPC-31C. *The Journal of Biochemistry* 81, 949-954.

Porter, R. R. (1959). The hydrolysis of rabbit γ-globulin and antibodies with crystalline papain. *Biochemical Journal* 73, 119-127.

Putnam, F. W., and Easley, C. W. (1965). Structural Studies of the Immunoglobulins: I. THE TRYPTIC PEPTIDES OF BENCE-JONES PROTEINS. *The Journal of Biological Chemistry* 240, 1626-1638.

Rabbitts, T. H., Forster, A., and Milstein, C. P. (1981). Human

Press), pp. 345-362.
Miyajima, M., Zhang, B., Sugiura, Y., Sonomura, K., Guerrini, M. M., Tsutsui, Y., Maruya, M., Vogelzang, A., Chamoto, K., Honda, K., *et al.,* (2017). Metabolic shift induced by systemic activation of T cells in PD-1-deficient mice perturbs brain monoamines and emotional behavior. *Nature Immunology* 18, 1342-1352.
Muramatsu, M., Sankaranand, V. S., Anant, S., Sugai, M., Kinoshita, K., Davidson, N. O., and Honjo, T. (1999). Specific expression of activation-induced cytidine deaminase (AID), a novel member of the RNA-editing deaminase family in germinal center B cells. *The Journal of Biological Chemistry* 274, 18470-18476.
Muramatsu, M., Kinoshita, K., Fagarasan, S., Yamada, S., Shinkai, Y., and Honjo, T. (2000). Class switch recombination and hypermutation require activation-induced cytidine deaminase (AID), a potential RNA editing enzyme. *Cell* 102, 553-563.
Nakamura, M., Kondo, S., Sugai, M., Nazarea, M., Imamura, S., and Honjo, T. (1996). High frequency class switching of an IgM^+ B lymphoma clone CH12F3 to IgA^+ cells. *International Immunology* 8, 193-201.
Nishimura, H., Minato, N., Nakano. T., and Honjo, T. (1998). Immunological studies on PD-1 deficient mice: implication of PD-1 as a negative regulator for B cell responses. *International Immunology* 10, 1563-1572.
Nishimura, H., Nose, M., Hiai, H., Minato, N., and Honjo, T. (1999). Development of lupus-like autoimmune diseases by disruption of the PD-1 gene encoding an ITIM motif-

Iwasato, T., Shimizu, A., Honjo, T., and Yamagishi, H. (1990). Circular DNA is excised by immunoglobulin class switch recombination. *Cell* 62, 143-149.

Kataoka, T., Kawakami, T., Takahashi, N., and Honjo, T. (1980). Rearrangement of immunoglobulin gamma 1-chain gene and mechanism for heavy-chain class switch. *Proceedings of the National Academy of Sciences of the United States of America* 77, 919-923.

Kataoka, T., Miyata, T., and Honjo, T. (1981). Repetitive sequences in class-switch recombination regions of immunoglobulin heavy chain genes. *Cell* 23, 357-368.

Kawamoto, S., Tran, T. H., Maruya, M., Suzuki, K., Doi, Y., Tsutsui, Y., Kato, L. M., and Fagarasan, S. (2012). The inhibitory receptor PD-1 regulates IgA selection and bacterial composition in the gut. *Science* 336, 485-489.

Krummel, M. F., and Allison, J. P. (1995). CD28 and CTLA-4 have opposing effects on the response of T cells to stimulation. *The Journal of experimental medicine* 182, 459-465.

Maki, R., Traunecker, A., Sakano, H., Roeder, W., and Tonegawa, S. (1980). Exon shuffling generates an immunoglobulin heavy chain gene. *Proceedings of the National Academy of Sciences of the United States of America* 77, 2138-2142.

Martincorena, I., and Campbell, P. J. (2015). Somatic mutation in cancer and normal cells. *Science* 349, 1483-1489.

Meng, F.-L., Alt, F. W., and Tian, M. (2015). Chapter 19 - The Mechanism of IgH Class Switch Recombination. In *Molecular Biology of B Cells (Second Edition)*, F.W. Alt, T. Honjo, A. Radbruch, and M. Reth, eds. (London: Academic *official journal of the American Society of Clinical Oncology* 33, 4015-4022.

Hilschmann, N., and Craig, L. C. (1965). Amino acid sequence studies with Bence-Jones proteins. *Proceedings of the National Academy of Sciences of the United States of America* 53, 1403-1409.

Honjo, T., Packman, S., Swan, D., Nau, M., and Leder, P. (1974). Organization of immunoglobulin genes: reiteration frequency of the mouse kappa chain constant region gene. *Proceedings of the National Academy of Sciences of the United States of America* 71, 3659-3663.

Honjo, T., and Kataoka, T. (1978). Organization of immunoglobulin heavy chain genes and allelic deletion model. *Proceedings of the National Academy of Sciences of the United States of America* 75, 2140-2144.

Ishida, Y., Agata, Y., Shibahara, K., and Honjo, T. (1992). Induced expression of PD-1, a novel member of the immunoglobulin gene superfamily, upon programmed cell death. *The EMBO journal* 11, 3887-3895.

Iwai, Y., Ishida, M., Tanaka, Y., Okazaki, T., Honjo, T., and Minato, N. (2002). Involvement of PD-L1 on tumor cells in the escape from host immune system and tumor immunotherapy by PD-L1 blockade. *Proceedings of the National Academy of Sciences of the United States of America* 99, 12293-12297.

Iwai, Y., Terawaki, S., and Honjo, T. (2005). PD-1 blockade inhibits hematogenous spread of poorly immunogenic tumor cells by enhanced recruitment of effector T cells. *International Immunology* 17, 133-144.

American Chemical Society 81, 3155-3156.

Fagarasan, S., Muramatsu, M., Suzuki, K., Nagaoka, H., Hiai, H., and Honjo, T. (2002). Critical roles of activation-induced cytidine deaminase in the homeostasis of gut flora. *Science* 298, 1424-1427.

Fox, C. J., Hammerman, P. S., and Thompson, C. B. (2005). Fuel feeds function: energy metabolism and the T-cell response. *Nature reviews. Immunology* 5, 844-852.

Freeman, G. J., Long, A. J., Iwai, Y., Bourque, K., Chernova, T., Nishimura, H., Fitz, L. J., Malenkovich, N., Okazaki, T., Byrne, M. C., Horton, H. F., Fouser, L., Carter, L., Ling, V., Bowman, M. R., Carreno, B. M., Collins, M., Wood, C. R. and Honjo, T. (2000). Engagement of the PD-1 immunoinhibitory receptor by a novel B7 family member leads to negative regulation of lymphocyte activation. *Journal of Experimental Medicine* 192, 1027-1034.

Gong, J., Chehrazi-Raffle, A., Reddi, S., and Salgia, R. (2018). Development of PD-1 and PD-L1 inhibitors as a form of cancer immunotherapy: a comprehensive review of registration trials and future considerations. *Journal for immunotherapy of cancer* 6, 8.

Guo, P., Hirano, M., Herrin, B.R., Li, J., Yu, C., Sadlonova, A., and Cooper, M.D. (2009). Dual nature of the adaptive immune system in lampreys. *Nature* 459, 796-801.

Hamanishi, J., Mandai, M., Ikeda, T., Minami, M., Kawaguchi, A., Murayama, T., Kanai, M., Mori, Y., Matsumoto, S., Chikuma, S., *et al.,* (2015). Safety and Antitumor Activity of Anti-PD-1 Antibody, Nivolumab, in Patients with Platinum-Resistant Ovarian Cancer. *Journal of clinical oncology:*

Suzan, M., Mattei, M.-G., and Golstein, P. (1987). A new member of the immunoglobulin superfamily—CTLA-4. *Nature* 328, 267-270.
Burnet, M. (1957). Cancer: a biological approach. III. Viruses associated with neoplastic conditions. IV. Practical applications. *British medical journal* 1, 841-847.
Chamoto, K., Chowdhury, P. S., Kumar, A., Sonomura, K., Matsuda, F., Fagarasan, S., and Honjo, T. (2017). Mitochondrial activation chemicals synergize with surface receptor PD-1 blockade for T cell-dependent antitumor activity. *Proceedings of the National Academy of Sciences of the United States of America* 114, E761-E770.
Chowdhury, P. S., Chamoto, K., and Honjo, T. (2018). Combination therapy strategies for improving PD-1 blockade efficacy: a new era in cancer immunotherapy. *Journal of internal medicine* 283, 110-120.
Coghlan, A. (2016). Closing in on Cancer. *New Scientist* 229, 34-37.
Colwell, J. (2015). Is PD-L1 Expression a Biomarker of Response? *Cancer discovery* 5, 1232.
Cory, S., Webb, E., Gough, J., and Adams, J.M. (1981). Recombination events near the immunoglobulin Cmu gene join variable and constant region genes, switch heavy-chain expression, or inactivate the locus. *Biochemistry* 20, 2662-2671.
Davis, M. M., Kim, S. K., and Hood, L. (1980). Immunoglobulin class switching: Developmentally regulated DNA rearrangements during differentiation. *Cell* 22, 1-2.
Edelman, G. M. (1959). Dissociation of γ-globulin. *Journal of the*

Ansell, S. M., Lesokhin, A. M., Borrello, I., Halwani, A., Scott, E. C., Gutierrez, M., Schuster, S. J., Millenson, M. M., Cattry, D., Freeman, G. J., *et al.*, (2015). PD-1 blockade with nivolumab in relapsed or refractory Hodgkin's lymphoma. *The New England journal of medicine* 372, 311-319.

Apetoh, L., Ghiringhelli, F., Tesniere, A., Obeid, M., Ortiz, C., Criollo, A., Mignot, G., Maiuri, M. C., Ullrich, E., Saulnier, P., *et al.*, (2007). Toll-like receptor 4-dependent contribution of the immune system to anticancer chemotherapy and radiotherapy. *Nature medicine* 13, 1050-1059.

Azuma, C., Tanabe, T., Konishi, M., Kinashi, T., Noma, T., Matsuda, F., Yaoita, Y., Takatsu, K., Hammarström, L., Smith, C. I. E., *et al.*, (1986). Cloning of cDNA for human T-cell replacing factor (interleukin-5) and comparison with the murine homologue. *Nucleic acids research* 14, 9149-9158.

Begum, N. A., Nagaoka, H., Kobayashi, M., and Honjo, T. (2015). Chapter 18 - Molecular Mechanisms of AID Function. In *Molecular Biology of B Cells (Second Edition)*, F.W. Alt, T. Honjo, A. Radbruch, and M. Reth, eds. (London: Academic Press), pp. 305-344.

Brack, C., Hirama, M., Lenhard-Schuller, R., and Tonegawa, S. (1978). A complete immunoglobulin gene is created by somatic recombination. *Cell* 15, 1-14.

Brown, D. D., and Weber, C. S. (1968). Gene linkage by RNA-DNA hybridization: I. Unique DNA sequences homologous to 4s RNA, 5s RNA and ribosomal RNA. *Journal of Molecular Biology* 34, 661-680.

Brunet, J.-F., Denizot, F., Luciani, M-F., Roux-Dosseto, M.,

lecture. I also have an enormous number of outside collaborators, the following of whom collaborated with us on antibody diversity and cancer immunotherapy: E. Severinson [Stockholm Univ.], F. Alt [Harvard Univ.], M. Nussenzweig [Rockefeller Univ.], A. Fischer [Necker Hospital], A. Durandy [Necker Hospital], T. Chiba [Kyoto Univ. Hospital], G. Freeman [Dana-Farber Cancer Center], N. Minato [Kyoto Univ.], S. Fujii [Kyoto Univ.], I. Konishi [Kyoto Univ.]. I am very much obliged to my devoted supporting staff, without whom my achievements would have been impossible. I would also like to acknowledge the many funding agencies that supported my research for many years. Last but not least, I would like to thank my family for their generous support.

References

Agata, Y., Kawasaki, A., Nishimura, H., Ishida, Y., Tsubata, T., Yagita, H., and Honjo, T. (1996). Expression of the PD-1 antigen on the surface of stimulated mouse T and B lymphocytes. *International Immunology* 8, 765-772.

Alexandrov, L. B., Nik-Zainal, S., Wedge, D. C., Aparicio, S. A., Behjati, S., Biankin, A. V., Bignell, G. R., Bolli, N., Borg, A., Borresen-Dale, A. L., *et al.*, (2013). Signatures of mutational processes in human cancer. *Nature* 500, 415-421.

Sidonia Fagarasan
IMS, RIKEN

Fumihiko Matsuda
Kyoto University

Fig. 21 **Current colleagues and long-term collaborators**
Department of Immunology and Genomic Medicine, Graduate School of Medicine, Kyoto University

we humans are very lucky to enjoy this unexpected gift from evolution.

Acknowledgements

I would like to thank former collaborators, current lab members, and many others in the laboratories of Fumihiko Matsuda and Sidonia Fagarasan who contributed to all these studies (Fig. 21). I thank Sidonia Fagarasan, Alexis Vogelzang, Blake Thompson, Maki Kobayashi, and Kenji Chamoto for their help with the design and editing for the Nobel presentation and

immunotherapy would have been possible without acquired immunity, which developed at a very early stage of the vertebrate evolution. Acquired immunity originated in jawless fish, in which AID orthologues with a unique enzymatic ability were responsible for generating the enormously diverse molecules for both the T and B lineage equivalents (Guo et al., 2009). Later, in jawed fish, a transposon containing ancestral RAG-1 and RAG-2 'jumped' into a primordial immunoglobulin-like gene. The transposon insertion generated a split gene, an ancestor of the V(D)J segments as well as recombinase enzymes. RAGs replaced the function of AID in the repertoire generation, while AID kept its function for antigen-induced antibody memory, including SHM and CSR. All these drastic genetic mechanisms were selected during evolution for the advantage they conferred in the fight against infectious pathogens. As a result, humans now benefit from the sophisticated acquired immune system in the fight against cancer. Cancer cells accumulate mutations and develop into non-self-cells, expressing neoantigens that are easily recognized by the acquired immune system. This is obviously an extra bonus from acquired immunity that evolution did not anticipate. In that sense, tumor growth and immune surveillance using PD-1 blockade, this devastating disease may become, instead of a death sentence, a chronic and manageable condition. It might sometimes be preferable to merely control or slow tumor growth, especially in more fragile, elderly patients, making cancer a disease we live with, rather than die from. Looking back, vaccination and antibiotic discoveries were two great leaps in human healthcare which greatly reduced infectious diseases. WHO even declared the human smallpox virus to be completely eradicated. I truly hope that, within this century, the next leap forward will be controlling cancer by immunotherapy and its improved protocols, which might include microbiome manipulation. We are still at a very early stage in our understanding of the microbiome, metabolome, and all the other possible factors affecting immunity and physiology, including the aging process. However, as we have seen very rapid development of cancer immunotherapy during last 10 years, I believe the future of cancer treatment is promising, and really hope that the 21st century will be remembered as the century in which cancer was conquered.

Neither infectious disease control nor cancer

major changes in the biochemistry of the immune, circulatory, and nervous systems. Achieving successful immunotherapy implies learning more, not only about improving cancer outcomes, but also understanding all the effects of the treatment on the rest of the body.

In 2016, Andy Coghlan published an article entitled “Closing in on cancer” in the New Scientist magazine. Regarding the PD-1 blockade therapy, he quoted Dan Chen from Genentech, saying “We are at the point where we have discovered the cancer equivalent to penicillin.” They considered PD-1 blockade therapy to be comparable to the discovery of penicillin for infectious diseases. “Although penicillin itself couldn’t cure all infections, it gave rise to a whole generation of antibiotics that changed medicine forever, consigning most previously fatal infections to history.” (Coghlan, 2016). I really hope this dream about the future of cancer and immunotherapy will come true. At this stage in 2018, however, first-line treatment by PD-1 blockade or in combination with CTLA-4 blockade is limited to melanoma, lung cancer, and renal cancer only. In the near future, I hope many more types of cancer may be treated by immunotherapy as the first-line therapy. I hope that, by fine-tuning a therapeutic balance between

We also tested this by evaluating the anti-tumor activity of AID-deficient mice, and found that tumor growth is dramatically inhibited in AID-deficient mice, even without PD-1 Ab treatment (M. Akrami and R. Menzies, unpublished data). Sidonia's group further confirmed that the hyper-immune activity against tumor growth in AID-deficient mice depends on microbiota, because AID-deficient mice raised in germ-free conditions lost strong anti-tumor activity (M. Miyajima and S. Fagarasan, unpublished data). Thus, PD-1 is critical for regulation of CTLs against tumors, but AID as well as PD-1 is important for boosting the immune potential against tumors through microbiota regulation, strongly indicating that gut microbiota is critical to the anti-tumor activity of individual immunity (Fig. 20).

In summary, I feel that, despite enormous recent progress, our knowledge on the immune system and its interactions with other systems is still very limited. We are just at the beginning of an exploration that will lead us to a better understanding of how our bodies function. Even a single molecule, PD-1, has so many unanticipated effects on aspects of health and disease, from tipping the balance of the immune system towards autoimmunity, to regulating bacterial communities, to with expansion of germinal center T cells perturbing the normal process of selection and maturation of IgA repertoire needed to maintain gut symbiosis.

Sidonia's amazing research in this area extended our understanding of PD-1 functions, and grew from her own findings on hyperimmune activation caused by microbiota dysbiosis in AID-deficient mice (Fagarasan et al., 2002; Suzuki et al., 2004). She is the first person who showed that skewed microbiota in the gut can activate the immune system throughout the body in the AID-deficiency mouse model. Most strikingly, in the absence of IgA, expansion of certain species of anaerobic bacteria caused enlarged nodular structures along the whole intestinal tract, as well as hypertrophia of all lymphoid tissues. How fortunate I am to discover the two critical molecules, AID and PD-1, which by a certain amount of chance became the focus of my research, and which collaborate in such a fascinating way to control not only the immune system but also the ecosystem of the gut, which is so important for whole-body balance.

Based on these studies, it was perhaps not surprising to find that PD-1 blockade therapy can be influenced by the bacterial communities in the gut (Sivan et al., 2015).

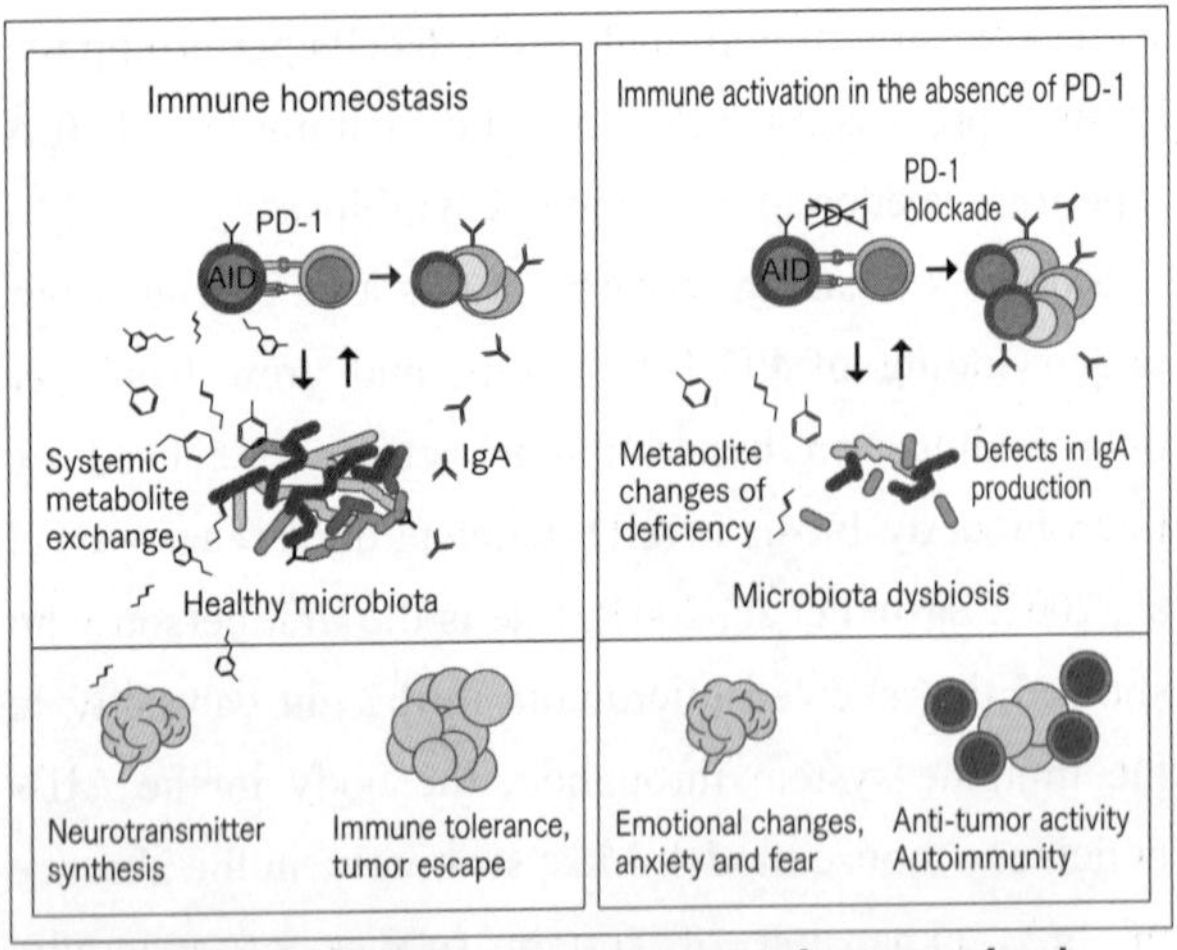

Fig. 20 **AID and PD-1 cooperate in germinal centers for IgA selection to maintain microbiome and body homeostasis**

PD-1 deficient mice is caused not only by the absence of this inhibitory receptor, but also by dysregulated microbial communities in the gut (Kawamoto et al., 2012). Indeed, Sidonia's group showed that, in addition to AID, PD-1 is an essential molecule required to generate and select proper IgAs responsible for maintenance of a healthy microbial ecosystem in the gut (Fig. 20). The absence of PD-1 causes a skewing of balance between T and B cells in the germinal centers,

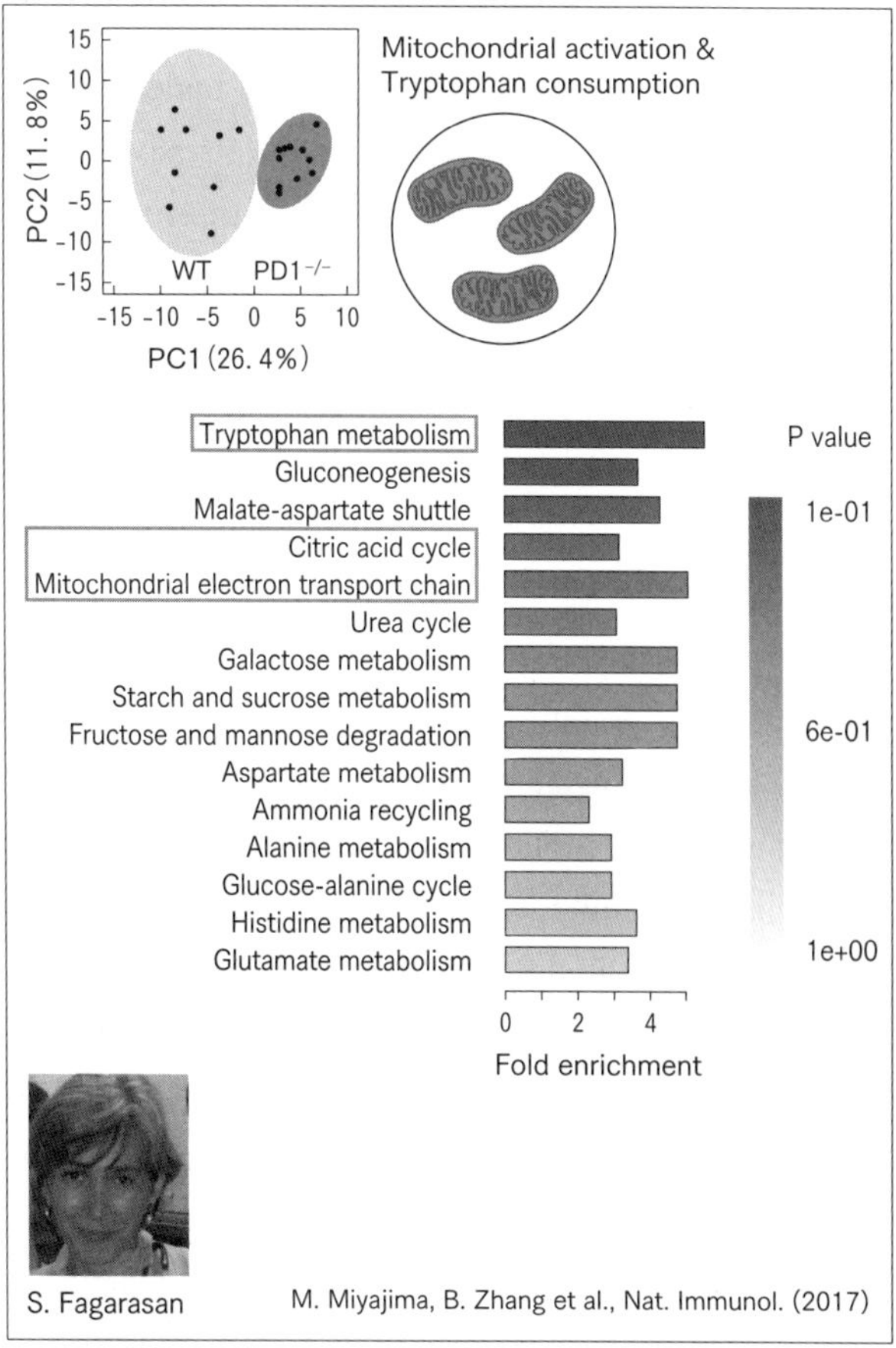

Fig. 19 Hyperimmune activity can be read in the blood biochemistry of PD-1 KO mice

fundamental understanding of the whole body. In other words, we need to invest more effort in understanding physiology, a challenging task, as I have already pointed out. We found that PD-1 deficiency manifests different types of organ-specific autoimmunity in different laboratory mouse strains. As expected, some of the patients undergoing PD-1 blockade therapy develop similar autoimmune features. Some adverse effects of PD-1 blockade are partly due to the fact that T cells proliferate vigorously after stimulation to generate functional progeny, requiring a huge amount of energy and metabolites to build new nucleic acids and proteins. Indeed, Sidonia Fagarasan's group recently showed that activation of the immune system limits the systemic availability of amino acids, hindering the synthesis of neurotransmitters in the brain (Miyajima et al., 2017) (Fig. 19). Serum depletion of tryptophan and tyrosine, for example, reduces the amounts of serotonin and dopamine in the brain and causes behavioral changes, like enhanced fear responses and anxiety. Such systemic biochemical changes were observed in PD-1-deficient mice, as well as in normal mice under strong antigenic stimulation.

Furthermore, the harmful hyperimmune activation in

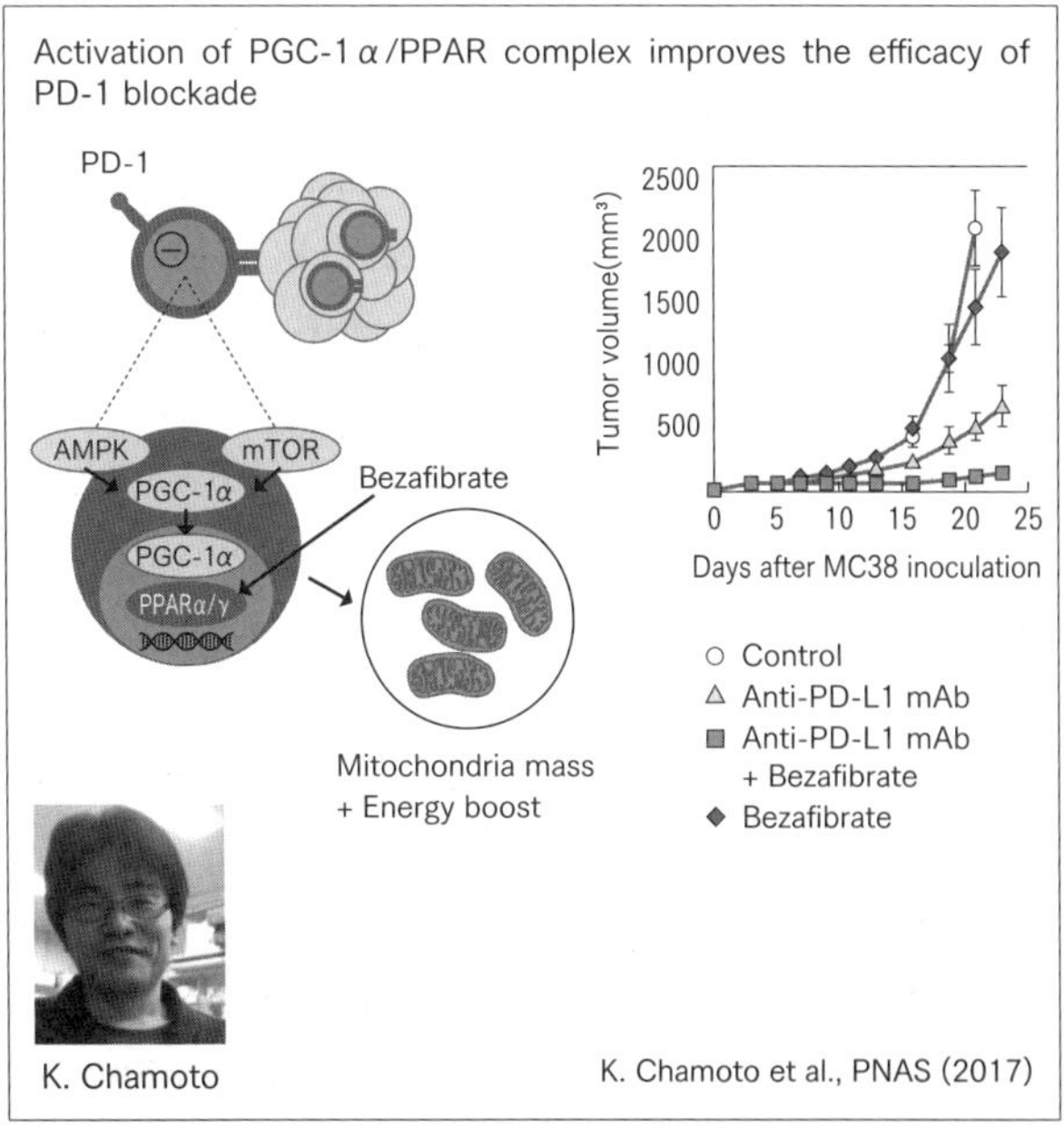

Fig. 18 Improvement of PD-1 blockade therapy by Bezafibrate

improve the efficacy of PD-1 blockade.

Future Perspective of PD-1 Blockade Cancer Therapy

In parallel with improvement strategies for successful therapy, I see the need to push forward the basic and energy to produce the proteins and nucleic acids required to build a daughter cell several times per day. We therefore searched for chemicals that can boost mitochondrial activity in active T cells. PGC-1α is a key transcriptional cofactor boosting fatty-acid oxidation and oxidative phosphorylation, which are crucial to mitochondrial activation (Chamoto et al., 2017; Ventura-Clapier et al., 2008). In my lab, Kenji Chamoto screened for chemicals which influenced PGC-1α activity in the context of PD-1 blockade therapy. He found that Bezafibrate, already approved as a drug for hyperlipidemia, synergizes with anti-PD-L1 Ab for suppression of tumor growth (Chamoto et al., 2017) (Fig. 18). Subsequently, we found that Bezafibrate has two important activities for increasing the number of tumor-specific CTLs at the tumor site (Chowdhury et al., 2018). By activating PGC-1α and PPAR signaling, Bezafibrate facilitates rapid proliferation of effector CTLs. Also, enhanced PPAR signaling by Bezafibrate appears to prevent cell death, and to facilitate long-term survival of the activated CTLs. We are now carrying out the Phase I clinical trial in Japan, combining PD-1 blockade with Bezafibrate. I hope the large number of trials currently underway will soon identify many other strategies to dissection of tumors in order to safeguard protective immune responses.

Another approach to strengthen PD-1 blockade which is being pursued by many scientists and pharmaceutical companies around the world is combination therapy. Amazingly, in the Unites States alone, more than one thousand clinical trials testing PD-1 blockade in combination therapy are currently ongoing (Tang et al., 2018). The most commonly used combination partners for PD-1 blockade are CTLA-4 Ab, followed by chemotherapy, radiotherapy, anti-VEGF agents, and chemoradiotherapy. It is important to remember that neither chemo- nor radiotherapy could show appropriate effects on tumor growth if the immune system is defective in animal models (Apetoh et al., 2007; Takeshima et al., 2010).

Our own laboratory took a totally different approach. We and others found that T cell activation is accompanied by a burst of activity by the cells' mitochondria, the energy-producing organ of the cell (Chamoto et al., 2017; Fox et al., 2005). This energy is probably needed to support the cell division that quickly follows antigenic stimulation. CTLs divide almost every eight hours, requiring large amounts of building blocks testing ways to increase the number of cytotoxic T cells (CTL) that infiltrate and kill tumors. We recently showed that the first important steps in CTL activation and proliferation occur in tumor-draining lymph nodes. Once they are activated and decorated with responsive receptors, CTLs migrate to the tumor site in response to a gradient of chemokines secreted from the tumor site (Chamoto et al., 2017). We showed that tumor growth could no longer be suppressed by PD-L1 Ab when draining lymph nodes were surgically removed, in tumor-bearing mice that were otherwise responsive to PD-1 blockade. This is because activation of CTL in draining lymph nodes is prerequisite for upregulation of CXCR3, a receptor responding to several chemokines, such as CXCL9, CXCL10, and CXCL11. Interestingly, CXCL9 is actually produced by tumor tissues in response to interferon-γ secreted by pre-existing tumor-infiltrating CTLs upon stimulation with PD-1 blocking Ab. Thus, lymph nodes appear to be critical to initiate the activation and to deploy the CTLs to the tumor sites, in turn further facilitating the recruitment of more CTLs from lymph nodes in what appears to be a positive feedback loop. These results suggest that surgeons should avoid removing healthy lymph nodes during

Predictive markers could be related to tumor characteristics. For example, a high mutation rate of tumor cells is one good indicator for responsiveness to PD-1 blockade therapy, as mentioned above. PD-L1 expression by tumors was also considered, but unfortunately was not efficiently predictive of responder status (Colwell, 2015). The other factors influencing the response rate of cancer immunotherapy are related with the individual's immune capacity, which is at present very difficult to predict. Since there are hundreds of genes involved in the immune responses, and multiple layers of regulation, it is not easy to predict an individual's immune power, for example, by looking at their genetic polymorphisms. Environmental factors, such as the host microbial communities in the gut, also seem likely to play an important role in modulating immune responses, and perhaps tumor features as well. Thus, in the near future, we will strive to understand the best combinatorial factors predictive for a positive outcome of immunotherapy.

Needless to say, improving the immunotherapy response rate would help a great many additional cancer patients, and we are working towards this in two different ways in our current research. Firstly, we are

immune system's ability to home in on "foreignness", meaning cancer immunotherapy is potentially effective for all types of cancers; secondly, this large increase in mutations also makes it difficult to identify which among them can be targeted by chemotherapy drugs; thirdly, frequent mutations continue to generate tumor cells that are resistant to chemotherapy, whereas the T cells with enormous immune repertoire can recognize and attack not only original, but also mutated, tumor cells.

Nevertheless, there are many hurdles ahead before declaring immunotherapy's complete victory over cancer. There are several obvious issues emerging from the clinical trials. First of all, the efficacy of this treatment is still limited. For example, for melanoma, the success rate of PD-1 blockade therapy as the first line of treatment reached about 70% at best (Robert et al., 2015). In most other cases, especially when used as the second or the third line of treatment, the efficacy rate was 20-30%. Thus, we must urgently address two problems. One is how we can predictively distinguish responders from non-responders to PD-1 blockade. The other is how we can significantly improve the efficacy of the PD-1 immunotherapy.

potential tumor types that might benefit from PD-1 treatment, greatly speeding up access to this new drug for many additional patients. Clearly, PD-1 blockade treatment brought a paradigm shift in cancer therapy, due to its efficacy over a wide range of tumors; durability of its effects in those who respond; and importantly, there are few adverse effects compared with previous treatments.

But how can we explain the success of checkpoint immunotherapy, such as PD-1 Ab treatment? Extensive DNA sequencing of a variety of tumors revealed enormous accumulation of mutations in the DNA of almost all cancer cells. Mutation frequencies in coding regions can reach the levels of one thousand- to 10 thousand-fold higher than those of normal cells, which generally have few, if any, mutations (Alexandrov et al., 2013; Martincorena et al., 2015). Melanomas have the highest mutation frequency, followed by the lung cancers. In fact, almost all types of tumors have 100 times more mutations compared with normal cells. Summarizing the results of many studies as follows: Firstly, cells become cancerous by accumulating a large number of mutations, changing their appearance from normal cells. These changes can be detected by our

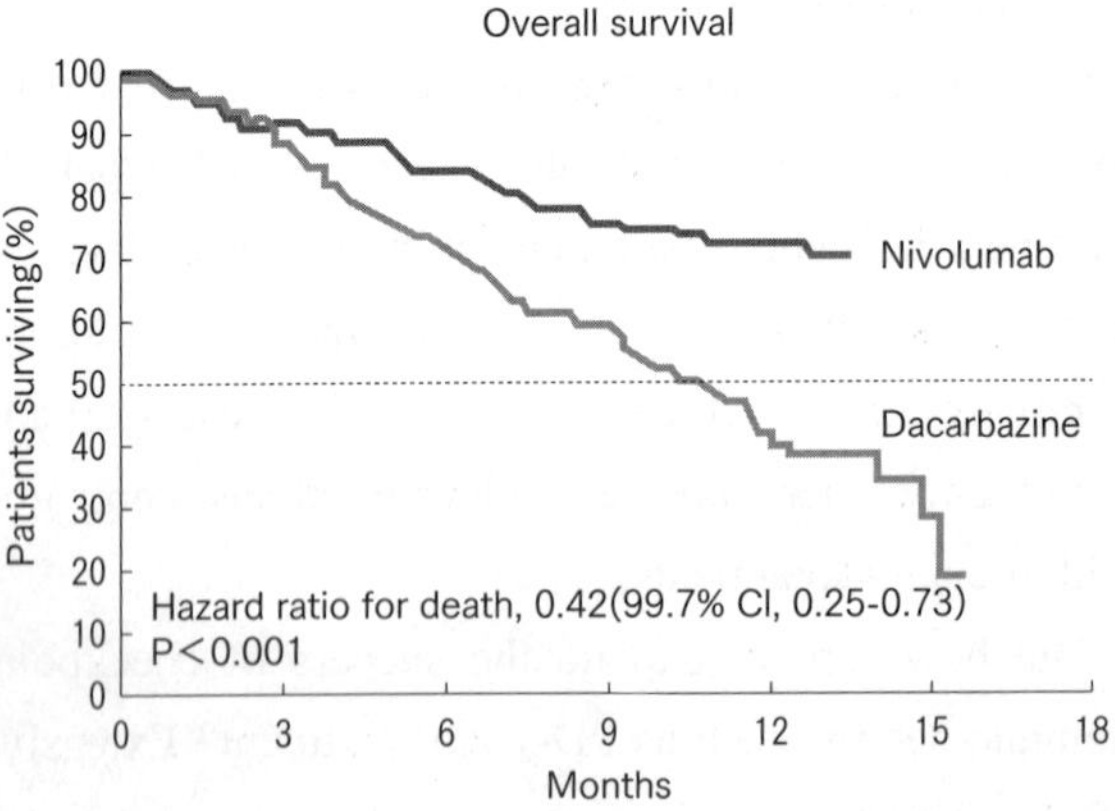

	Mortality deaths/total	Median survival mo(95% CI)
Nivolumab	50/210	Not reached
Dacarbazine	96/208	10. 8(9. 3 - 12. 1)

Based on C. Robert et al., NEJM (2015)

Fig. 17 Randomized study on untreated melanoma patients with Nivolumab and Dacarbazine (chemotherapy)

approved this treatment to all microsatellite instability-high (MSI-H) cancers, regardless of the origin of their tumors. I view this as a very wise decision by the regulator, as it lifts the financial burden from drug companies to run expensive clinical trials for the many

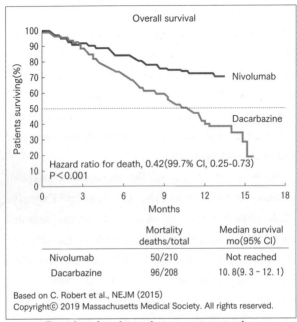

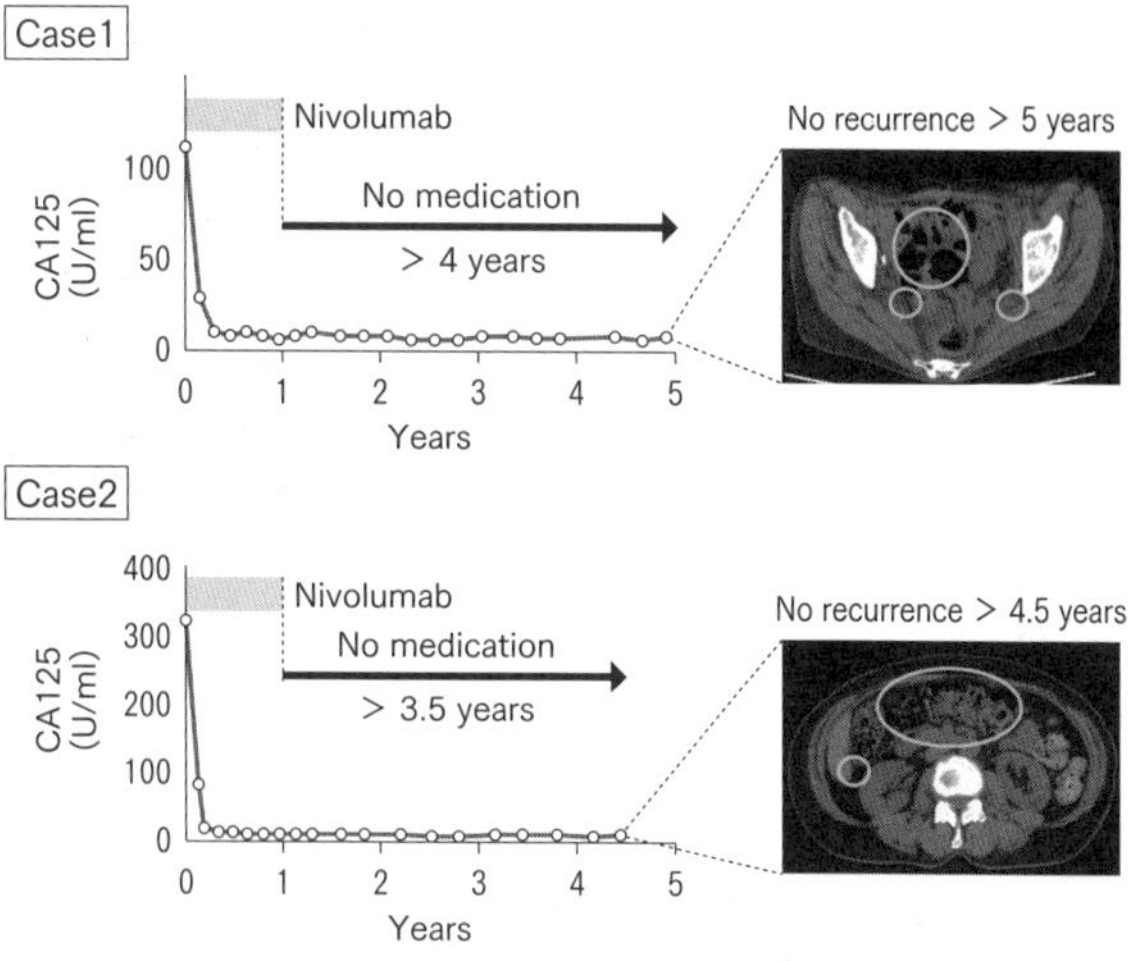

CA125 : Tumor marker

J. Hamanishi. International Federation of Gynecology and Obstetrics FIGO (2018)
Based on : J. Hamanishi et al., J. Clin. Oncol. 33 (2015)

Fig. 16 Durable complete responses of ovarian cancer patients to Nivolumab

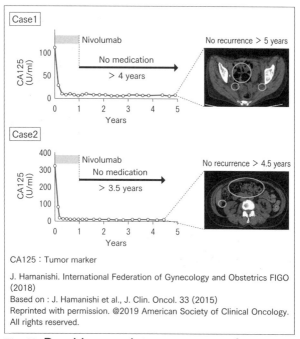

the enormous effort of scientists, clinical doctors, patients, bioinformaticians, and other researchers in these studies and many more, as of 2018, more than a dozen tumor types have been approved for the treatment by PD-1 blockade therapy. Most recently, the FDA

Tumor growth stopped in 40-50% of terminal stage patients

Dose	total (n)	CR	PR	SD	PD	NE	RR	DCR
1mg/kg	10	0	1	4	4	1	1/10 (10%)	5/10 (50%)
3mg/kg	10	2	0	2	6	0	2/10 (20%)	4/10 (40%)
Total	20	2	1	6	10	1	3/20 (15%)	9/20 (45%)

Oct. 21, 2011-Dec. 7, 2014

J. Hamanishi

J. Hamanishi et al., J. Clin. Oncol. 33 (2015)

Fig. 15 Phase Ⅱ trial of anti-PD-1 Ab in patients with platinum-resistant ovarian cancer

clinical benefits from Nivolumab (Robert et al., 2015) (Fig. 17). This large-scale study was carried out by an international team of clinicians in the European Union, Canada, and Australia. Another striking clinical study has been reported for Hodgkin lymphoma cases. Without exception, all of the 23 Hodgkin lymphoma patients with various treatment histories showed either complete responses (4 cases), partial responses (16 cases) or stable diseases (3 cases) (Ansell et al., 2015). Thanks to

"Responses were durable; 20 of 31 responses lasted 1 year or more and some even after stopping therapy"

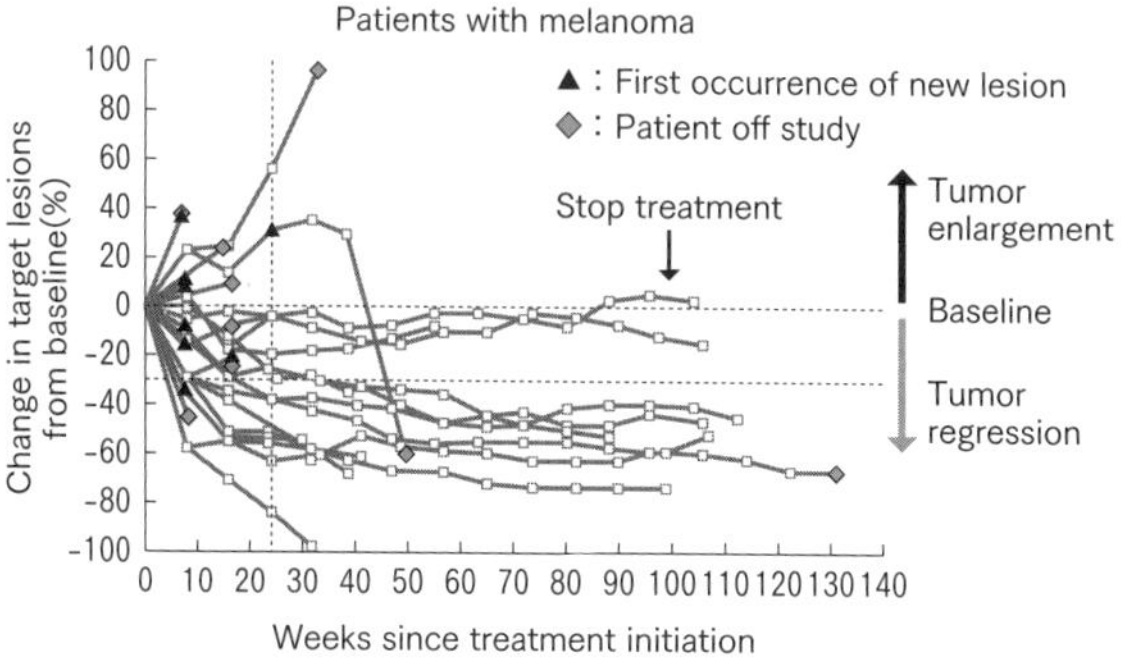

S. Topalian et al., NEJM (2012)

Fig. 14 Durable response to PD-1 blockade

during the last six years were recently summarized (Gong et al., 2018). I was most impressed by a randomized study on 418 melanoma patients, on whom the effect of either Nivolumab or chemotherapy (Dacarbazine) was compared. The outcome was quite impressive. Almost 70 percent of the Nivolumab group survived after a year and a half, compared with less than 20 percent of the Dacarbazine group. At this point the study was stopped, as it was deemed unethical to continue Dacarbazine treatment in the face of such clear

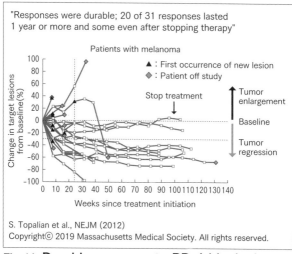

years later in Japan. The first phase I clinical trial was comprehensively summarized by Suzanne Topalian and her colleagues (Topalian et al., 2012). The results of this study surprised the scientific immunology community and many clinicians, because about 20 to 30 percent of terminal-stage patients with very aggressive forms of cancer—such as non-small cell lung cancer, melanoma, or renal cancer—showed complete or partial responses. Perhaps even more surprising was the finding that 20 out of 31 responders of melanoma patients continued to respond for more than one year, some even after stopping the treatment (Fig. 14). Such durable responses had not been experienced with any other chemotherapy regimens. We also started a phase II trial on platinum-resistant ovarian cancer patients, in collaboration with the Gynecology Department of Kyoto University Hospital. Although the study was rather small, the results were promising. We were astonished to find that about 40 percent of patients responded or completely stopped the tumor growth (Hamanishi et al., 2015) (Fig. 15). Two patients who showed complete response after one year of PD-1 blockade are still healthy almost five years after stopping the treatment (Fig. 16).

Numerous clinical trials carried out around the world

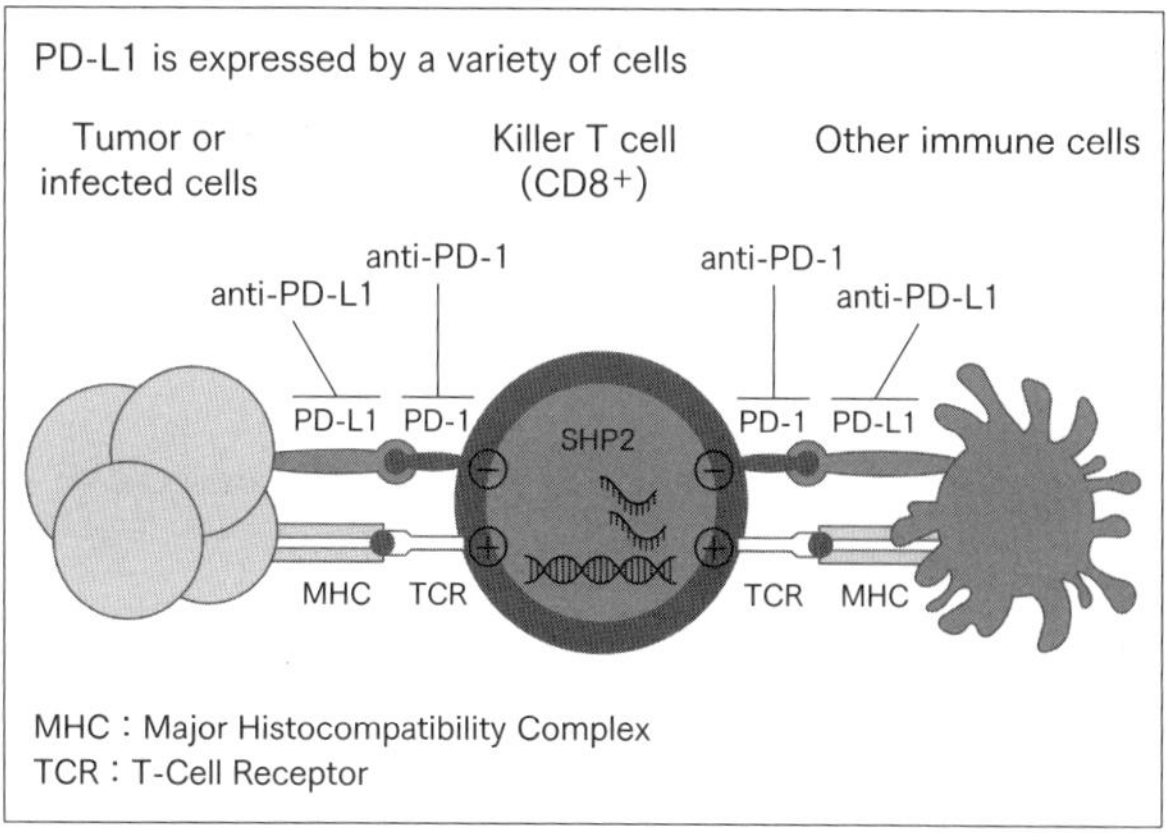

Fig. 13 Schematic representation on tumor killing using Ab against either PD-1 or PD-L1

pharmaceutical industry. After much struggle and many illusions and disillusions, which I describe in my biography, Medarex, a small venture capital already working with Jim Allison on a CTLA-4 monoclonal Ab, began to generate blocking PD-1 Abs in collaboration with Ono Pharmaceutical Co., Ltd. The human anti-PD-1 Ab named Nivolumab was an IgG4 with a mutation at S228P to reduce Ab-dependent cell-mediated cytotoxicity and approved as an investigation new drug by the FDA on August 1, 2006. Clinical trials were initiated immediately in the United States and two

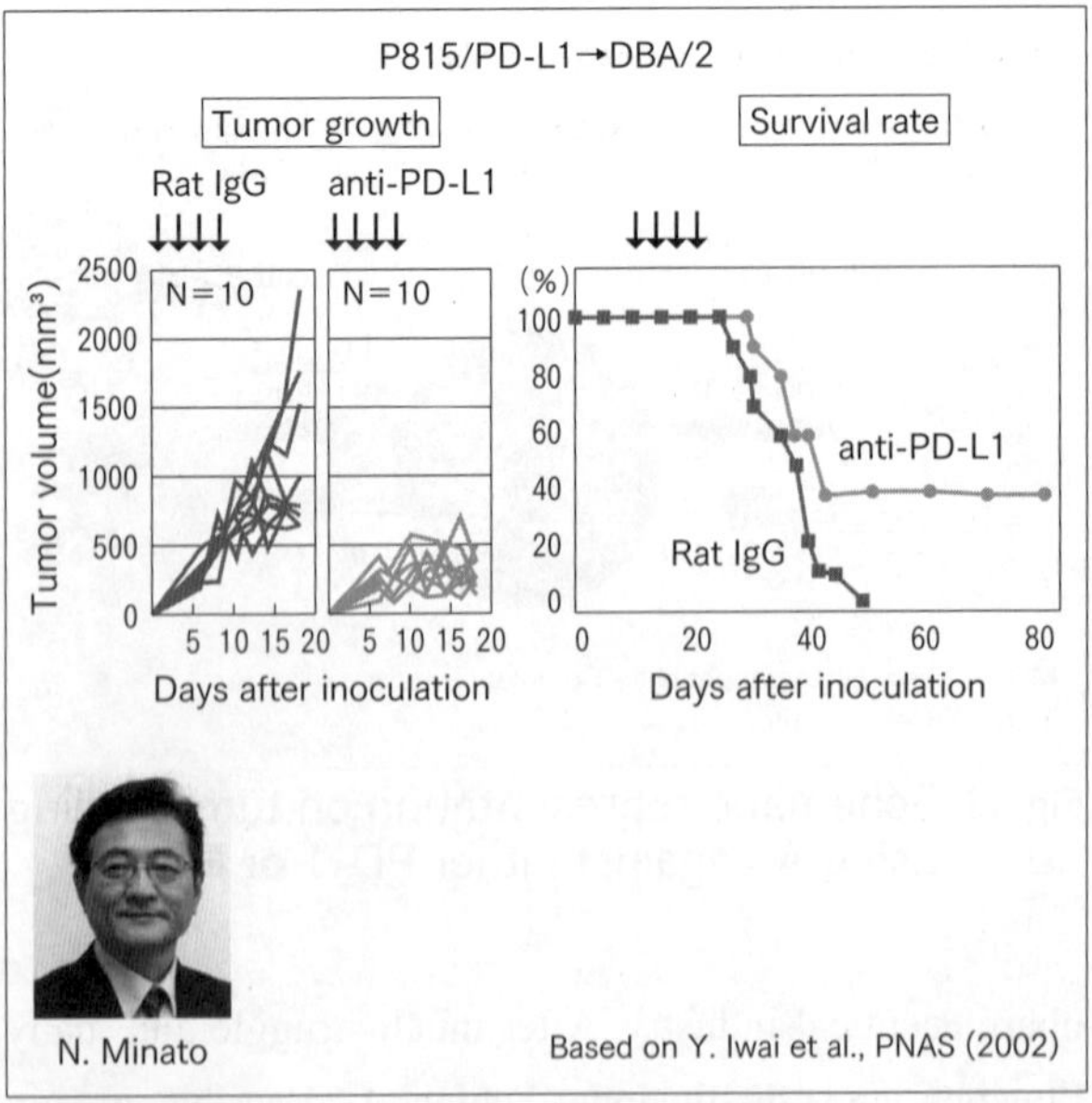

Fig. 12 Growth inhibition of PD-L1-expressing mastocytoma (P815/PD-L1) and extension of animal survival by PD-L1 Ab

preventing and delaying the growth and spread of tumor cells (Fig. 13).

Cancer Immunotherapy by PD-1 Blockade

In order to apply this treatment to humans, we needed to file the patent application and obtain help from the

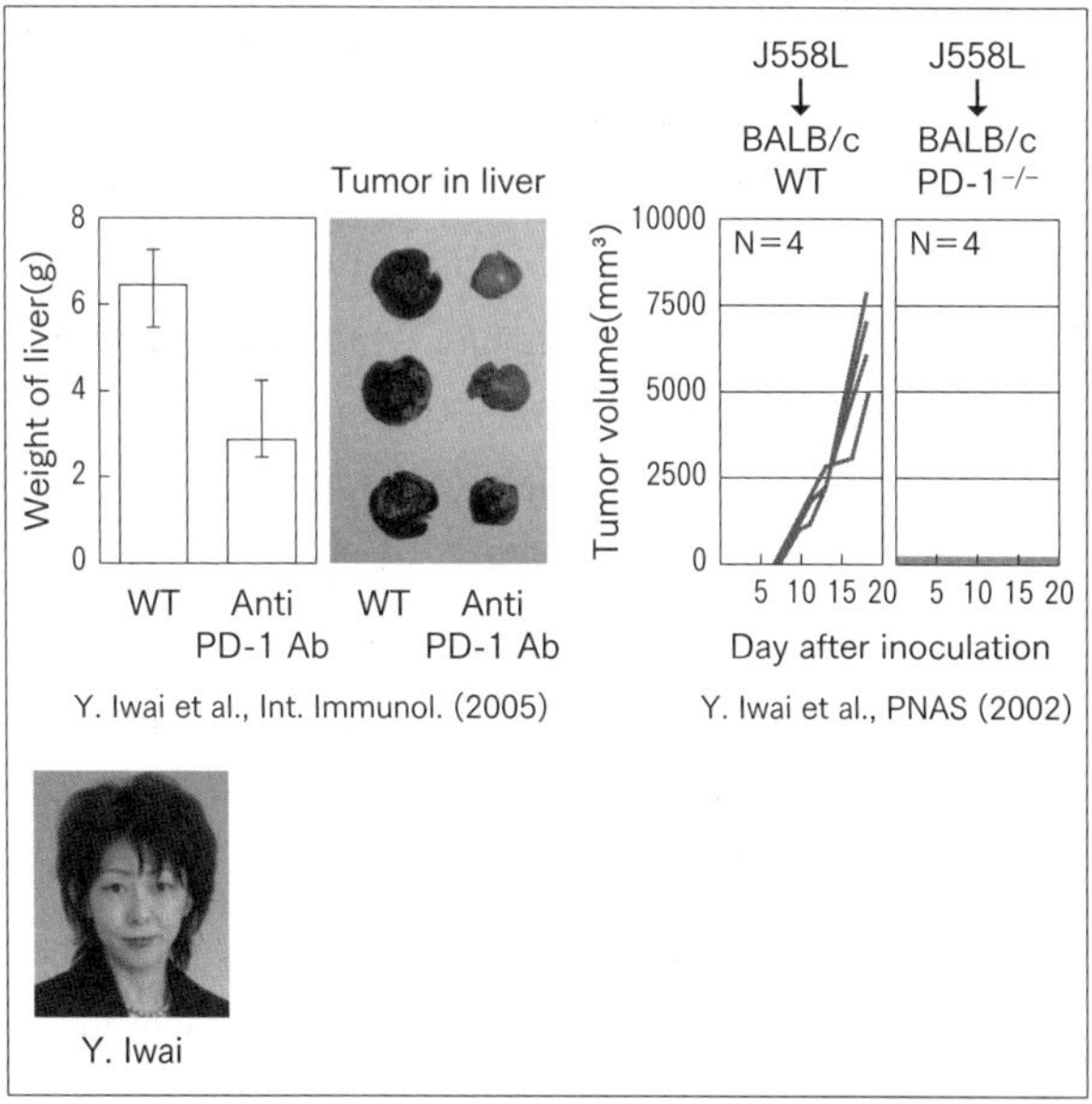

Fig. 11 Inhibition of tumorigenesis of myeloma (J558L) in PD-$1^{-/-}$ mice and suppression of B16 melanoma metastasis by PD-1 Ab

Yoshiko further confirmed that PD-1 blockade by either genetic manipulation or PD-1 Ab treatment clearly suppressed the metastasis of B16 melanoma cells from spleen to liver (Iwai et al., 2005) (Fig. 11). These findings showed that PD-1 blockade by Ab against either PD-1 or PD-L1 is a powerful tool for treatment of cancers, one of the clones, 292, was shown to bind our PD-1-expressing cell line by the GI group. We confirmed their results and further demonstrated that 292 protein binding to the PD-1 receptor inhibits T cell proliferation. The identification of PD-1 ligand, which we named PD-L1, was reported in 2000 (Freeman et al., 2000).

Before the dawn of the new millennium, we started to test the effect of PD-1 deficiency on tumor cell growth. Yoshiko Iwai performed experiments comparing the growth of myelomas expressing PD-L1, between mice with or without PD-1, by the middle of 2000. She found that PD-1 deficiency suppressed the growth of PD-L1-expressing tumor cells (Fig. 11). The results convinced me that blocking PD-1 with an antibody would be effective to suppress the tumor growth. We urgently needed a PD-1 blocking Ab to confirm that this strategy could be used for cancer therapy. Our long-term collaborator, Nagahiro Minato, and his colleagues had already begun generating good Ab against PD-1 and PD-L1. Our laboratories embarked on an exciting and fruitful collaborative effort, and Yoshimasa Tanaka from Minato's laboratory showed that the PD-L1 Ab they had generated could efficiently suppress tumor growth in a variety of mouse models (Iwai et al., 2002) (Fig. 12).

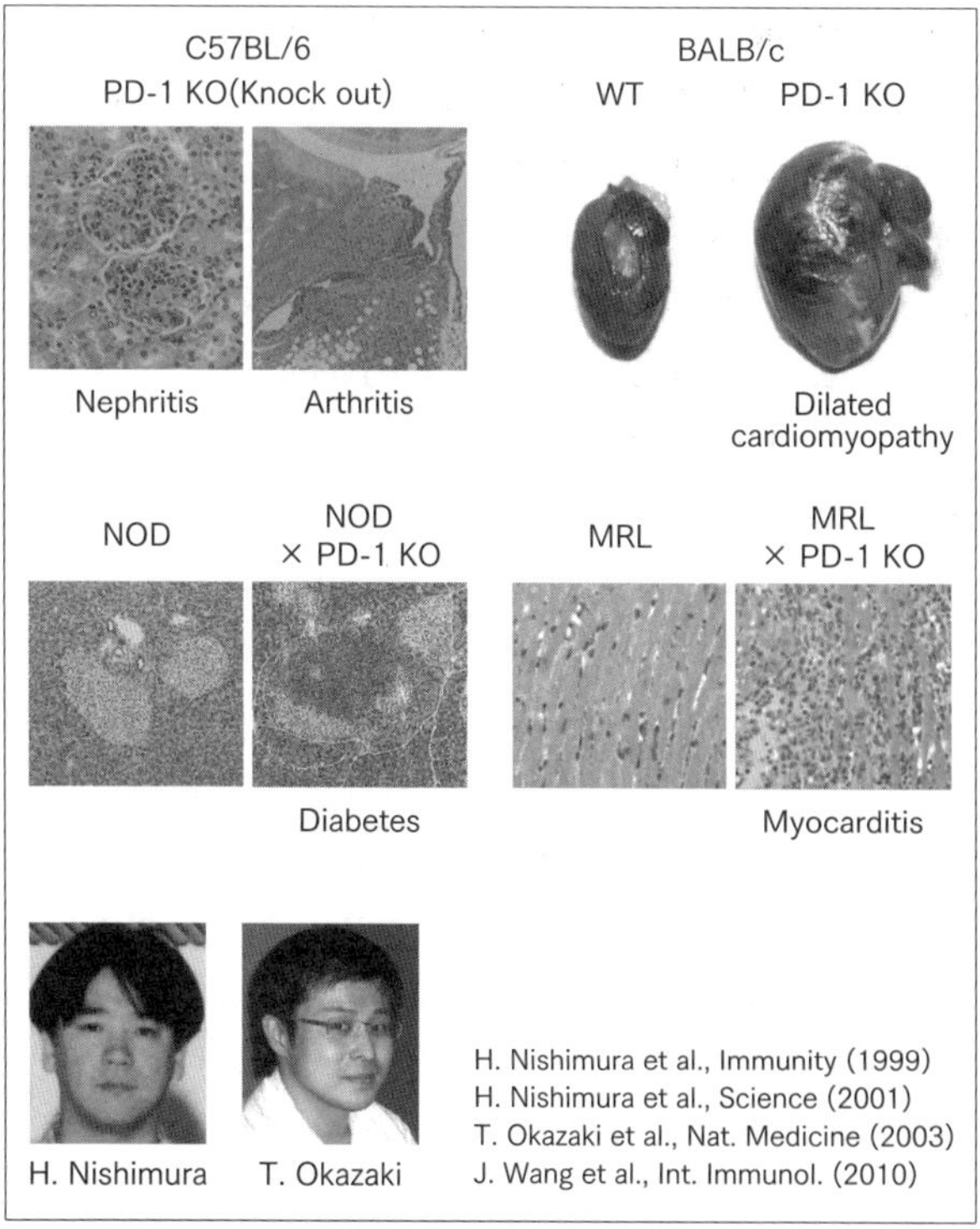

Fig. 10 PD-1 is a negative regulator

collaborated with Steve Clark at the Genetic Institute (GI) in Boston. Unexpectedly, Gordon Freeman from the Dana-Farber Institute chose many cDNAs encoding B7 family member proteins from a database list, and

mice commonly used by immunologists. Taku Okazaki found that PD-1 deficiency on the NOD background causes exacerbation of diabetes, while, on the MRL background, the absence of PD-1 causes severe myocarditis (Wang et al., 2005; Wang et al., 2010) (Fig. 10). Regarding the signaling characteristics of PD-1, Taku was able to elucidate the molecular mechanism for its immune brake function. He showed that the engagement of PD-1 induces phosphorylation of the conserved tyrosine residues, which recruits SHP2 phosphatase and dephosphorylates signaling molecules phosphorylated by antigen receptor engagement, resulting in down-modulation of activation signals (Okazaki et al., 2001). All the above results provided strong evidence that PD-1 is the second new negative regulator of the immune system. However, in contrast to CTLA-4 deficiency, which develops severe autoimmunity leading to death by four to five weeks after birth, PD-1 deficiency results in autoimmunity developing more slowly and with milder phenotypes. Such results convinced us that PD-1 modulation might be a very good approach for the treatment of various immune-related diseases, including cancer.

Meantime, I wanted to isolate the ligand for PD-1 and

Although Hiroyuki Nishimura generated the PD-1 knockout (KO) mice in 1994, it took us a long time to understand the function of PD-1 *in vivo,* as deleting the gene in mice on a mixed genetic background seemed to confer no ill effects. The first hint of the negative regulatory function of PD-1 was obtained when he found that B cells from PD-1-deficient mice had stronger responses to antigen stimulation *in vitro* (Nishimura et al., 1998). When crossing the PD-1 KO mice with autoimmune-prone *lpr/lpr* mice, PD-1 deficiency accelerated the development of severe nephritis and arthritis around five months after birth. Eventually, we also found that, when using the common laboratory C57BL/6 strain, PD-1 KO mice also developed autoimmune nephritis and arthritis, but only by around 14 months (Nishimura et al., 1999). Surprisingly, on the BALB/c background, the PD-1 deficiency induced dilated cardiomyopathy, suggesting that, while PD-1 is important for fending off the initiation of autoimmune disease, the specific organs targeted might be affected by other genes (Nishimura et al., 2001). To confirm this idea, we examined consequences of the lack of PD-1 inhibitory function by crossing PD-1 KO mice with other autoimmune-prone

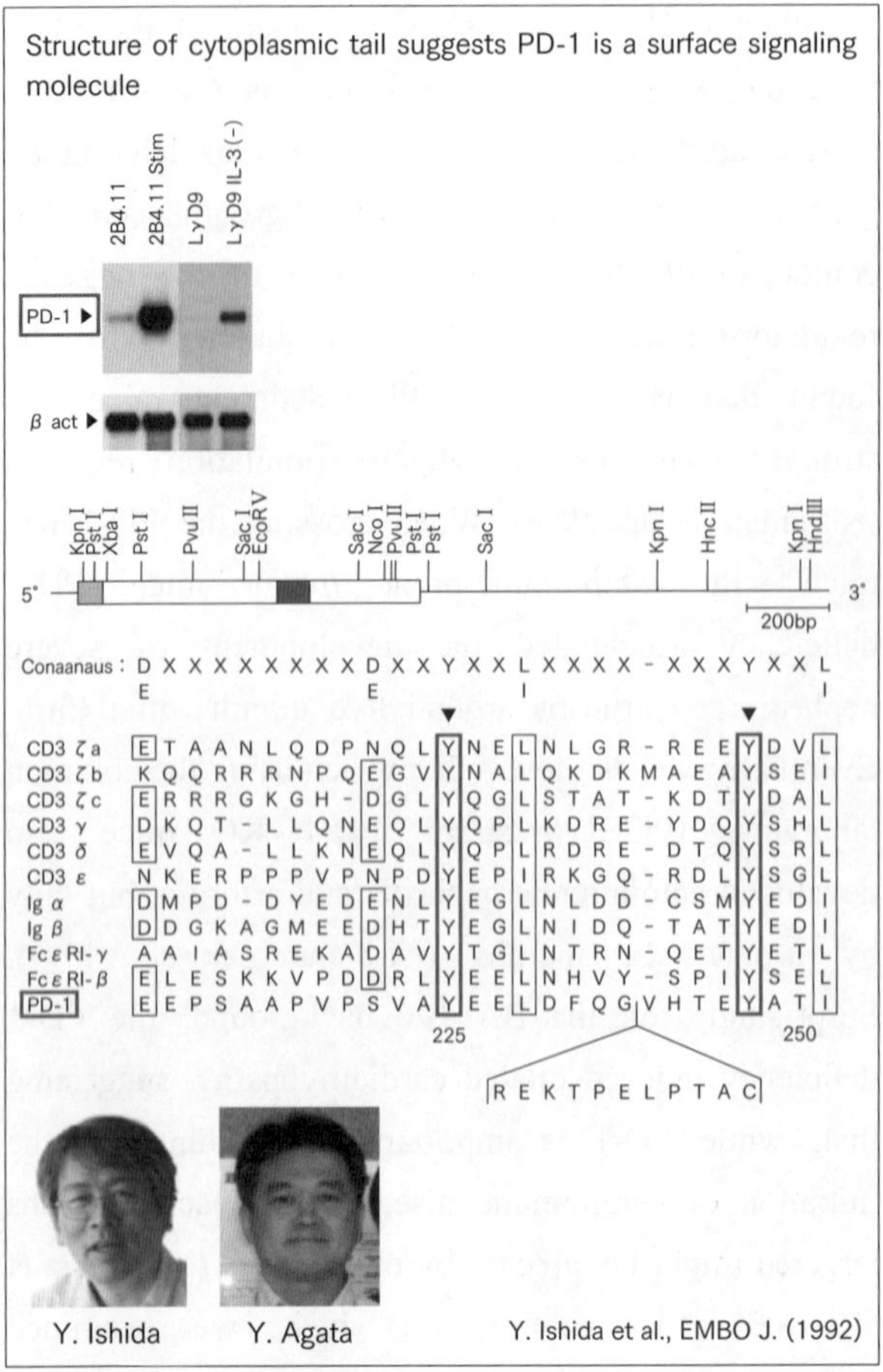

Fig. 9 Discovery of PD-1 (programmed death-1) cDNA and its structure

regulates the immune reaction in a rheostatic manner, in pair with the accelerator ICOS. PD-1 was fortuitously isolated by Yasumasa Ishida, who had worked intensely on isolating the proteins involved in T cell selection in thymus, in order to answer the major question of how immune cells establish self-tolerance during development. He stimulated T cell lines derived from the thymus, followed by cDNA subtraction, to compare the genes expressed by either growing or dying cells. He isolated four independent clones, which were surprisingly derived from a single mRNA. The cDNA sequence revealed a very interesting molecule we named programmed cell death 1 (PD-1) (Ishida et al., 1992). PD-1 is a cell surface receptor with a cytoplasmic domain containing a pair of tyrosines, which is conserved among then-known activation-signal transducing receptors. However, PD-1 is distinct from the rest by the double length between the two tyrosine residues (Fig. 9). We subsequently found that PD-1 expression is strongly induced in T cells and B cells upon stimulation (Agata et al., 1996). We easily excluded the possibility that PD-1 is involved in cell death by the absence of PD-1 expression during the normal cell apoptosis induced by dexamethazone.

Action	Drive	Stop	Action mode
Parking [Activation]	Ignition [CD28]	Parking brake [CTLA4]	ON/OFF [Drastic]
Driving [Attack]	Accelerator [ICOS]	Brake [PD-1]	~100km/h [Mild]

Fig. 8 Brakes and accelerators control immune reactions like those in a car

the immune system of cancer patients was in a state of immune tolerance. Indeed, until the mid-1990s, none of the molecules responsible for this negative immune regulation had been identified.

The new era of the immune regulation came when Pierre Golstein discovered the CTLA-4 molecule and subsequent studies by Jim Allison, Jeffrey Bluestone, Craig Thompson, Tak Mak, and Arlene Sharpe's groups revealed that CTLA-4 is a negative regulator, involved in preventing the initial activation of the immune system (Brunet et al., 1987; Krummel et al., 1995; Tivol et al., 1995; Walunas et al., 1994; Waterhouse et al., 1995). Indeed, CTLA-4 regulates the immune activation in an on-off manner in pair with CD28, in a manner equivalent to the parking brake (Fig. 8). Independently, we found another negative regulator called PD-1 that tolerance, was theoretically proposed by Sir Frank Macfarlane Burnet and demonstrated by Sir Peter Brian Medawar, for which they shared the 1960 Nobel Prize in Physiology or Medicine. Sir Frank Macfarlane Burnet also proposed that tumor cells may express non-self antigens, which the immune system would recognize and eliminate by the mechanism called immune surveillance (Burnet, 1957). Tumor cells, however, can grow when they induce the immune system into an inactive state, i.e., immune tolerance, by reasons unknown even today. Such ideas and observations initiated what would become the field of cancer immunotherapy.

Many scientists tested various approaches to cure cancers; for example, some identified tumor-specific antigens and injected them as vaccines into patients. Others infused patients with their own T cells, after expanding the cells in the laboratory with IL-2. Injections with immune-stimulating cytokines such as interferon-γ, IL-2, or IL-12 were also extensively pursued. Unfortunately, these trials did not provide any clear clinical benefits. In retrospect, all these trials were analogous to pressing an accelerator of the immune system under the condition of strong braking, because

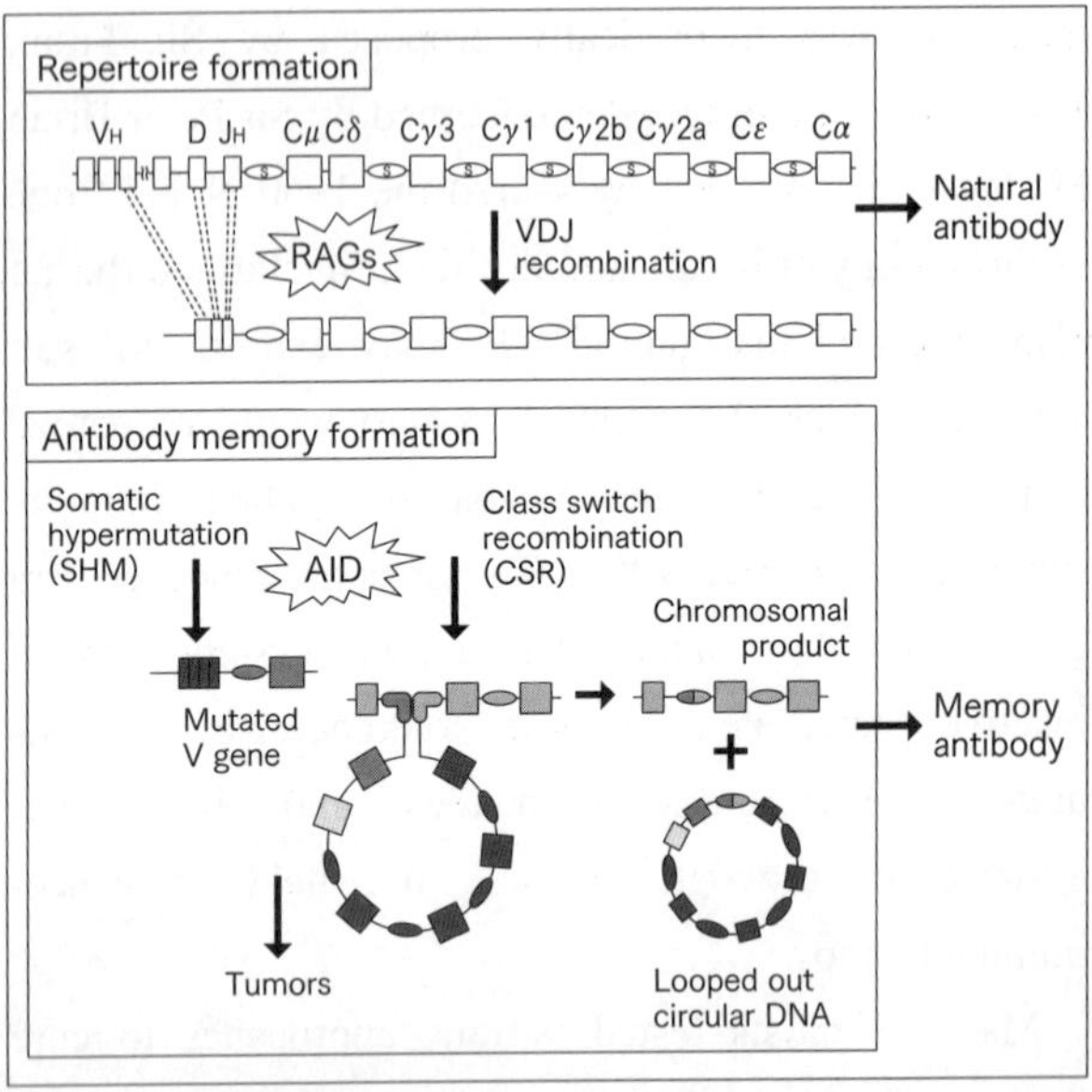

Fig. 7 AID engraves Ab memory in the genome for effective vaccination

totally unexpected by many immunologists at the time.

Discovery of PD-1 and its Application

The great mystery that comes with our immense immune diversity is how to avoid immune activity against self. The phenomenon, known as immune

collaborators Anne Durandy and Allan Fisher identified, that every one of their Hyper-IgM syndrome type 2 patients had mutations in the AID gene (Revy et al., 2000). The phenotypes of AID deficiency in human and mouse were remarkably similar. Thus, we obtained clear evidence that AID is the enzyme that engraves antigen memory in the antibody genes, which serves as the mechanistic basis of vaccination.

However, the molecular mechanism of AID is still not fully resolved. Although we have accumulated evidence supporting the idea that RNA is directly edited by AID (Begum et al., 2015), most scientists in this field believe that AID edits the DNA directly (Meng et al., 2015). Nonetheless, it is now clear that B cell DNA rearrangements occur in two stages. Developing B cells in the bone marrow first generates the V region repertoire by V(D)J recombination. When B cells encounter antigens in the peripheral lymphoid tissues, they are activated to express the AID enzyme that induces SHM and CSR (Fig. 7). Occasionally, however, AID expression can cause aberrant chromosomal translocation between Ig and oncogenes like c-myc, generating leukemias like B cell lymphoma. The idea that immune activation could lead to tumorigenesis was

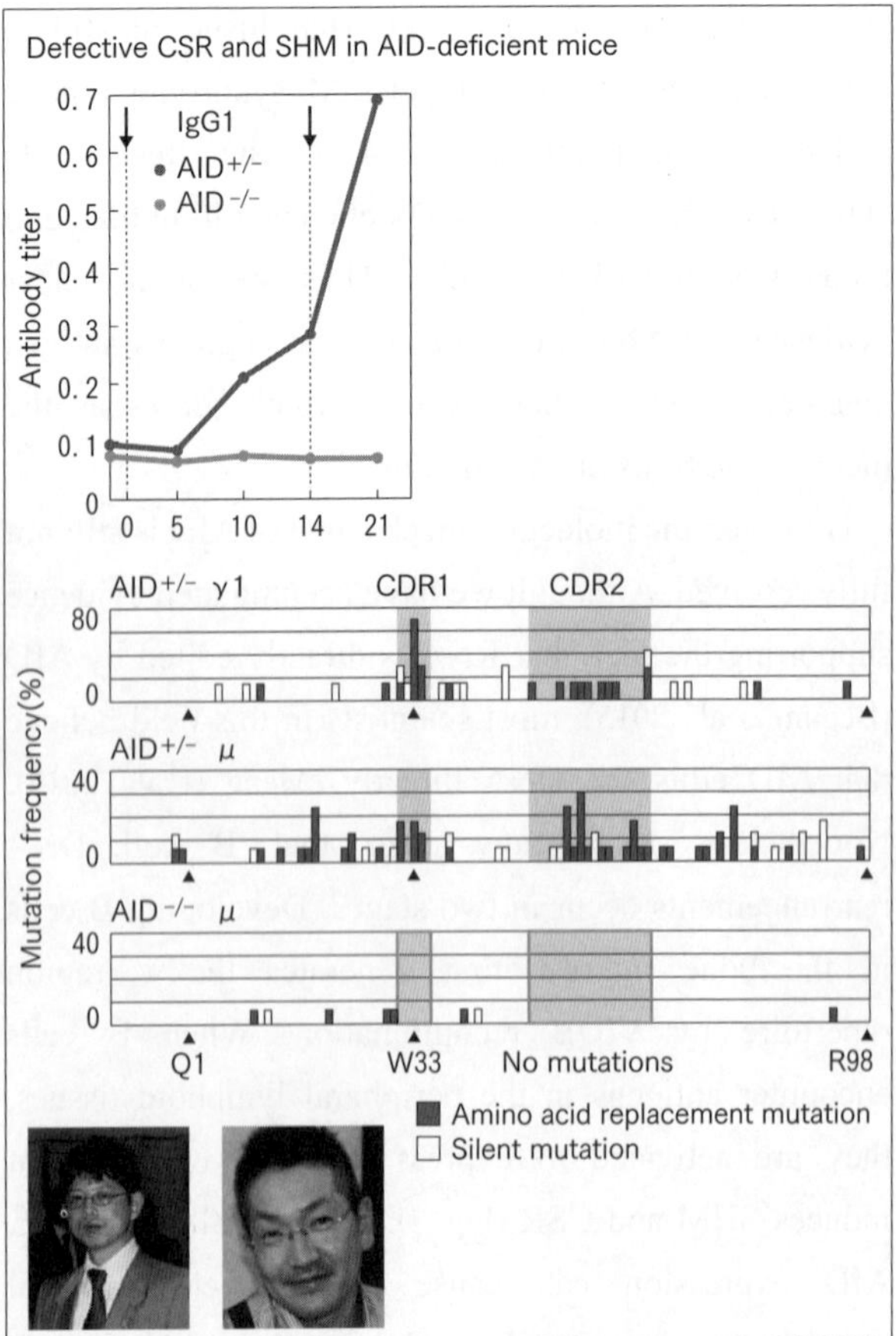

Fig. 6 AID-deficient mice lost both CSR and SHM

NIH in the early 90's. Although the original cell line had a very high background and low switching efficiency, we repeatedly recloned the CH12 cells and finally obtained the CH12F3 line. This subclone contained less than 1% IgA positive cells under non-stimulated conditions, but switched to more than 50% IgA positive cells after stimulation with IL-4, TGF-β1, and CD40 ligand (Nakamura et al., 1996). The system was used by Masamichi Muramatsu to carry out subtractive hybridization between nonstimulated and stimulated cells, which led to identification of the 23c9 cDNA clone, specifically expressed by activated CH12F3 cells, and also uniquely detected in germinal center B cells but not in other cells. Its sequence revealed the strongest homology with the RNA editing enzyme APOBEC1, and had weak cytidine deaminase activity *in vitro*. We named it Activation-Induced cytidine Deaminase (AID) (Muramatsu et al., 1999). AID-deficient mice completely lost not only class switching but also SHM, a finding which was unexpected as these two genetic alterations were thought to be mediated by different enzymes (Muramatsu et al., 2000) (Fig. 6). AID was thus shown to be the enzyme I had dreamed of finding for so long. Using the human AID primers we designed, our

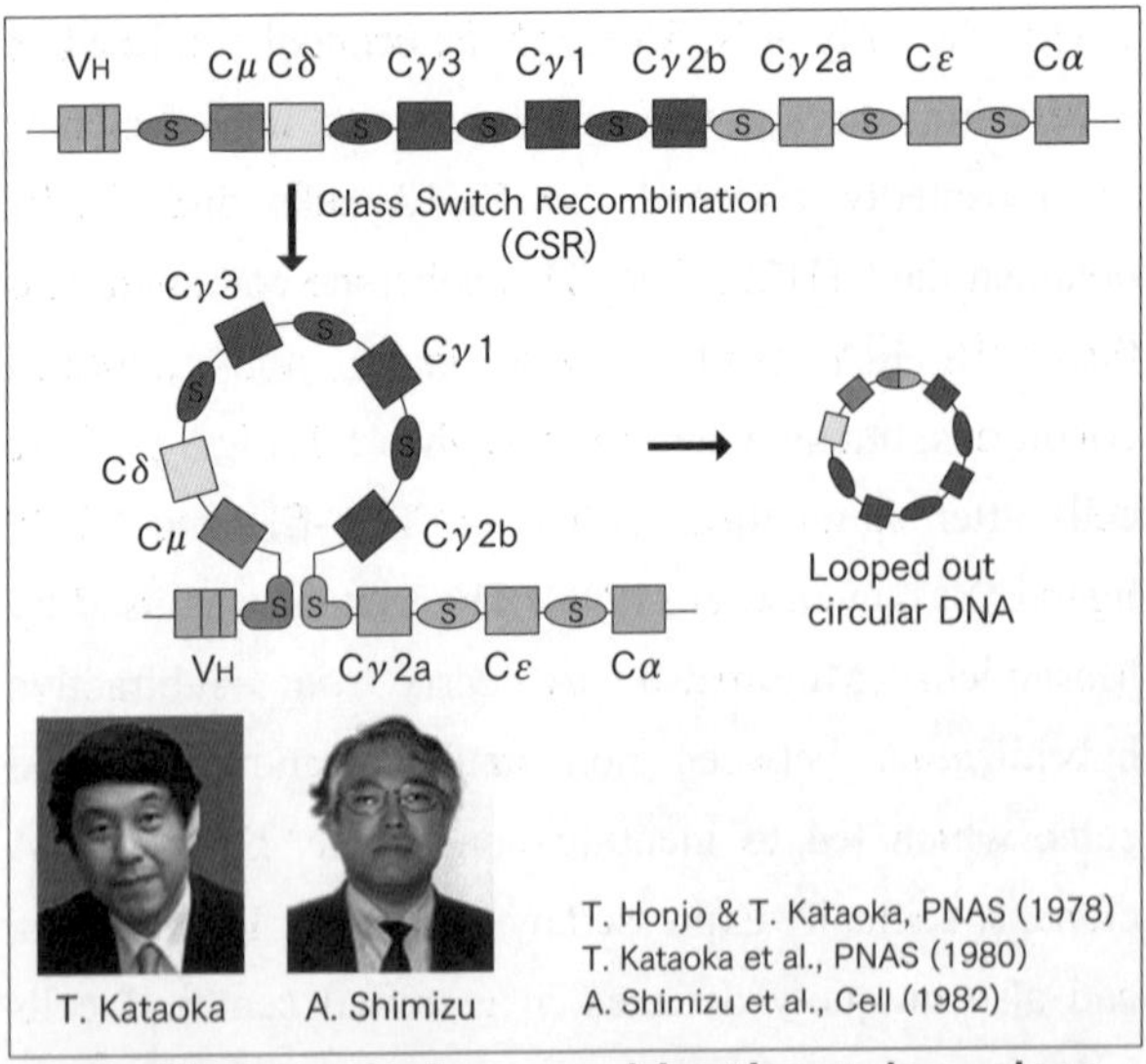

Fig. 5 Class switch recombination takes place by deletion of a large DNA segment

we isolated cDNA encoding interleukin 4 (IL-4) and IL-5, which turned out to be critical cytokines to not only class switching of B cells, but also other important aspects of lymphocyte differentiation (Azuma et al., 1986; Noma et al., 1986).

Another important tool that helped elucidating enzymatic mechanisms of CSR was the B1 cell tumor-derived line CH12, obtained from Warren Strobel at segments are looped out from the chromosome (Iwasato et al., 1990), a useful finding allowing us later to measure ongoing class switch recombination (CSR). Importantly, CSR takes place in the intergenic regions in the C_H locus, characterized by highly repetitive sequences. By studying how the Ig H chain locus is arranged in the mouse chromosome, we saw that each C_H region gene is proceeded by a region (a few to 10 Kb) of highly repetitive DNA, which we named the switch (S) region (Kataoka et al., 1981) (Fig. 5). Biologically, CSR must be very efficient, because it takes place immediately after antigen stimulation. The structure we revealed fulfills this requirement, because CSR can take place anywhere within the large S regions, unlike the site-specificity of V(D)J recombination.

Retrospectively, these studies were milestones in understanding immune diversity, yet I was determined to identify the enzyme(s) responsible for this efficient type of recombination. For this purpose, it was essential to set up a good cellular system to measure class switching *in vitro*. It was fortunate that Eva Severinson proposed collaboration for isolation of an as-yet-unknown soluble factor that induces class switching. Using a factor-secreting T cell line that she developed,

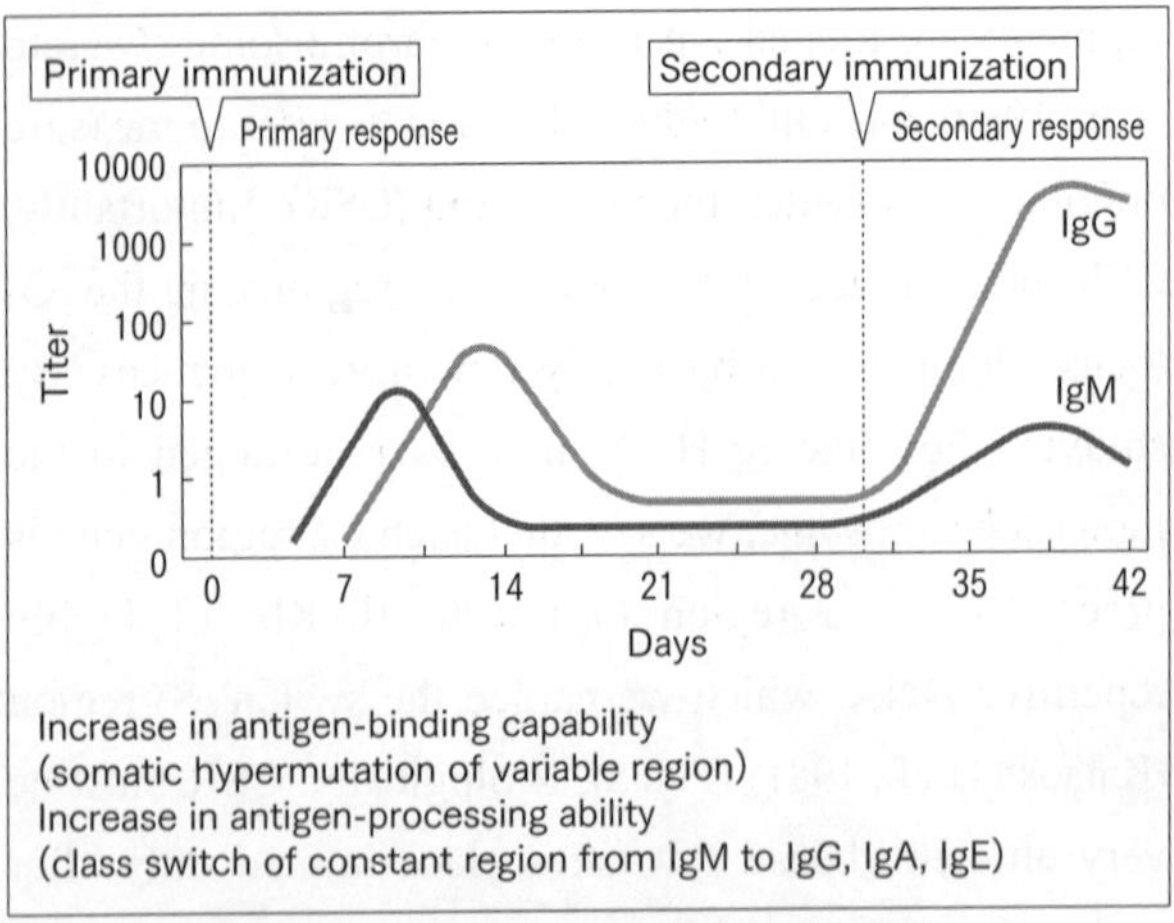

Fig. 4 **Antibody memory generation by vaccine (antigen) administration**

that DNA recombination is caused by the isolation of actively transcribed Ig H chain genes (Kataoka et al., 1980). This discovery was made amid incredible competition, as, in addition to us, four other groups reached the same conclusion almost simultaneously (Cory, 1981; Davis et al., 1980; Maki et al., 1980; Rabbitts et al., 1981). Finally, four years after we first conceived the allelic deletion, we were able to elucidate how all C_H genes are aligned on the mouse chromosome (Shimizu et al., 1982). We then proved that the deleted DNA hypermutation, a process known to facilitate generation of high-affinity Ab. These two phenomena represent the basis of immunological antibody memory and are critical to successful vaccination (Fig. 4).

We were very fortunate to find a collaborator, Masao Ono, who established the method for immunoprecipitating the Ig protein-mRNA complexes in polysomes, from which we could purify H chain messenger RNA rather quickly (Ono et al., 1977). Using the cDNA from this purified mRNA, Tohru Kataoka and I were surprised to find the copy number of the C_H gene differed among DNA obtained from various myelomas producing different classes of Ig. By comparing the copy number of C_γ genes in DNAs of more than 10 myelomas expressing different C_H genes, I realized that a simple deletion between the expressed V_H gene and the C_H gene to be expressed could explain this phenomenon, if the C_H gene were aligned in a specific order. We proposed the allelic deletion model of the Ig C_H locus (Honjo et al., 1978).

In 1977, I isolated the first important C_H gene, $C_{\gamma 1}$ from purified $C_{\gamma 1}$ mRNA, while on a three-month stay in Phil's lab. Once $C_{\gamma 1}$ cDNA was cloned, it did not take long to clone other C_H genes and to convincingly prove

Fig. 3 **Philip Leder**
Philip Leder at NIH 1973

related to the molecular mechanism of Ig isotype or class switching, thus avoiding direct competition for the mechanism of Ab repertoire generation on which Phil, Susumu, and many others were working. It was known that antigen stimulation of mature B cells induces isotype class switching, a process that replaces the H chain C (C_H) region gene without changing antigen-binding specificity of the V region gene. The C_H region determines the Ig classes, such as IgM, IgG, IgE, and IgA. Another genetic alteration associated with antigenic stimulation of B cells is somatic

That seminar struck me like a lightning bolt. I knew that the question was very important, but only then did I realize that emerging molecular biological techniques could be used to find an answer. I was fortunate that Philip Leder at NIH accepted me into his laboratory to work on this question (Fig. 3). Our results indicated that the number of copies of the IgL (C_κ or C_λ) chain gene is low, one or a few at most, ironically disproving Don's germline hypothesis (Honjo et al., 1974). The results also suggested that some gene alterations, either somatic mutations, recombination events, or both, are required to generate diverse Ab from a small number of C genes. Indeed, soon afterwards Susumu Tonegawa discovered that recombination of a small number of variable (V), diversity (D), and joining (J) segments generates a repertoire of millions of unique receptor genes during lymphocyte differentiation (Brack et al., 1978).

Class Switch Recombination and AID

Upon returning in 1974 to Japan and the University of Tokyo, I was thinking long and hard about what fundamental problem I could tackle, while setting up my own small laboratory. I finally decided to work on the IgH chain genes, to address the specific question

Fig. 2 **Donald Brown**

Donald Brown at Carnegie Institution in Baltimore 1971

maintain a large number of copies of the Ig C genes. The idea came from his own study on the structure of the ribosomal RNA or the 5S RNA genes, both of which consist of the spacer and RNA coding regions which correspond to alternating V and C region sequences, respectively (Brown et al., 1968). A set of the spacer and coding regions is tandemly repeated almost a thousand times in the ribosomal RNA gene loci, which are often located close to the telomere of the chromosome where the homologous recombination frequency is expected to be high.

Fig. 1 Osamu Hayaishi

Osamu Hayaishi and myself around 1996

brave idea in support of the germline hypothesis, which postulates that animals have a large number of V and C genes. Assuming the V and C sequences to be reiterated more than a hundred times, the major problem of the germline hypothesis was finding a mechanism for keeping many copies of the C gene unchanged while many copies of V genes varied. The evolutionary selection pressure on each copy of the C gene would be very weak if there were many copies of the same gene. Don proposed that the frequent homologous recombination could repair genetic mutations and human L chain has two distinct regions, the N-terminal variable (V) and the C-terminal constant (C) region. The next obvious question was related to the number of V and C genes. How many V genes or C genes are there? Do we have the same number of V and C genes, or perhaps a large number of V genes and a small number of C genes? Two major hypotheses were put forward to explain the enormous Ab diversity. The "germline hypothesis" claimed that there might be as many as a thousand genes responsible for the Ab diversity phenomenon. Another hypothesis, proposed by Sir Frank Macfarlane Burnet and called "somatic hypermutation theory", claimed that somatic mutations could be responsible for the generation of enormous diversity of the lymphocyte repertoire, starting from a rather limited number of inherited genes. This debate caught the attention of not only immunologists, but also biologists in general.

After I obtained my Ph. D. in Osamu Hayaishi's laboratory, I went to the United States of America to carry out my postdoctoral training (Fig. 1). In 1972, I listened to a lecture by Donald Brown from the Department of Embryology of the Carnegie Institution of Washington in Baltimore (Fig. 2). He proposed a very enormous diversity required to distinguish myriads of microorganisms and substances foreign to our body and b) how does this enormously diverse recognition system discriminate between self *versus* non-self? Basically, these major immunological questions also represent the core questions in biology: how organisms can have enormous numbers of reactions with highly specific yet robust regulations.

Immunoglobulin Diversity

Karl Landsteiner was astonished by the observations that almost all synthesized organic compounds bound to proteins could induce generation of specific antibodies (Ab) or immunoglobulins (Ig) by B cells in animals. This brought up the question: how many Ig genes might exist there to generate such a diverse repertoire of Ab? Around 1970, the Ig structure was elucidated by the efforts of many scientists, including Rodney Porter and Gerald Edelman, who found that a typical Ab like IgG consists of two identical light (L) and two heavy (H) chains linked by disulfide bonds (Edelman, 1959; Porter, 1959). Frank Putnam (Titani et al., 1965) and two of Edelman's colleagues, Norbert Hilschmann and Lyman Craig (Hilschmann et al., 1965), discovered that the

immunity emerged during the late stage of our evolution. Therefore, this branch of the immune system utilizes all pre-existing regulatory systems employed by other systems, such as the nervous and endocrine systems. As such, the immune system is an ideal biological system to study the enormous specificity and highly sophisticated regulatory networks acquired by the biological systems during evolution.

When I started working on the immune system after my training in biochemistry and molecular biology, I often felt uneasy, because immunologists were concerned mostly with functional aspects of the immune system rather than the molecules responsible. To give just one example, many immunologists used the term "antibody" for serum containing hundreds of proteins! Nevertheless, I witnessed a drastic change in the field with the advent of molecular biological techniques that could be easily applied to address immunological questions. I was very fortunate to begin my career at a time when molecular biology facilitated the elucidation of molecular mechanisms for the immune functions using their valuable assay systems. The most important conceptual questions in immunology were: a) how does the acquired immune system generate the

regulated. Biological regulation is robust, with many layers of redundancy as a safeguard. While we still do not have a thorough understanding of single-celled organisms like *E. coli* or yeast, multicellular organisms like human beings have far more complex regulatory systems, with multiple layers of functional redundancy as well as tremendous specificities.

The immune system is perhaps one of the best-studied integrative regulatory systems in mammals. A large number of immune cells in different activation stages play specific roles, either through direct cell interactions or communication via soluble molecules like cytokines and their receptors. Although immunology is interesting and fascinating for a large audience, the immunologists' language is often misunderstood by other biologists, probably because of their use of scientific jargon. The best example is the cluster of differentiation (CD) annotation of lymphocyte surface molecules, which is necessary but at the same time very limiting and confusing. Even more difficult for non-aficionados is to understand sophisticated hypotheses and conceptual frameworks of the regulatory mechanisms of the immune system, including its innate and acquired immunity branches. The acquired expression of the coding genes. DNA, RNA and proteins can be chemically modified by methylation, phosphorylation, and acetylation. In addition, at least 20,000 metabolites circulate in our blood. These can also be sensed by cells, interacting with various proteins and influencing gene expression, thus generating enormously complicated regulatory mechanisms to achieve homeostasis. The origin of metabolites can be traced not only to the biochemistry of our own cells, but also to the diverse communities of microbes inhabiting every surface of the body. If we imagine roughly 10^{13} order of our own cells, each expressing different proteins and containing different metabolites, in constant dialog with 10^{14} order of microbial cells, also in different metabolic states, the complexity of our biological system exceeds by far the physical and chemical complexity of the universe. The task of a medical scientist is deciphering this overwhelming complexity in order to understand the healthy state and diseases. We have yet to get a clear vision of exactly how gene expression is regulated. To make a long story short, the two major questions that we need to answer in biology are, what the mechanisms are for diverse yet strictly specific systems, and how these systems are

Serendipities of Acquired Immunity

Introduction

For a long time, biology was perceived as the lesser of the natural sciences because, unlike physics, deductive reasoning could not be used to solve biological problems. Biology has been full of mystery since I started my career in biological sciences almost half a century ago. Although the basic principles of biology stem from the rules of physics, biological systems have such an extraordinary, layered complexity, derived from a tremendous number of parameters, beautifully and magically intertwined and controlled to achieve what we call "life". Paradoxically, we start with a rather limited number (about 20,000) of coding region genes. However, many transcripts can be generated from a single coding gene locus, indicating that a single gene can produce many proteins. Furthermore, there are many more non-coding transcripts that may affect the

Cell 102, 553-563.

Nishimura, H., Nose, M., Hiai, H., Minato, N., and Honjo, T. (1999). Development of lupus-like autoimmune diseases by disruption of the PD-1 gene encoding an ITIM motif-carrying immunoreceptor. *Immunity* 11, 141-151.

leads to negative regulation of lymphocyte activation. *The Journal of Experimental Medicine* 192, 1027-1034.

Honjo, T., Nishizuka, Y., Hayaishi, O., and Kato, I. (1968). Diphtheria toxin-dependent adenosine diphosphate ribosylation of aminoacyl transferase II and inhibition of protein synthesis. *The Journal of Biological Chemistry* 243, 3553-3555.

Honjo, T., and Kataoka, T. (1978). Organization of immunoglobulin heavy chain genes and allelic deletion model. *Proceedings of the National Academy of Sciences of the United States of America* 75, 2140-2144.

Ishida, Y., Agata, Y., Shibahara, K., and Honjo, T. (1992). Induced expression of PD-1, a novel member of the immunoglobulin gene superfamily, upon programmed cell death. *The EMBO Journal* 11, 3887-3895.

Iwai, Y., Ishida, M., Tanaka, Y., Okazaki, T., Honjo, T., and Minato, N. (2002). Involvement of PD-L1 on tumor cells in the escape from host immune system and tumor immunotherapy by PD-L1 blockade. *Proceedings of National Academy of Sciences of the United States of America* 99, 12293-12297.

Iwai, Y., Terawaki, S., and Honjo, T. (2005). PD-1 blockade inhibits hematogenous spread of poorly immunogenic tumor cells by enhanced recruitment of effector T cells. *International Immunology* 17, 133-144.

Muramatsu, M., Kinoshita, K., Fagarasan, S., Yamada, S., Shinkai, Y., and Honjo, T. (2000). Class switch recombination and hypermutation require activation-induced cytidine deaminase (AID), a potential RNA editing enzyme.

sixty million years. Every day, I come to the lab enthusiastic to learn more about immune regulation in the context of physiological systems, still dreaming that curing cancer patients everywhere on this planet by immunotherapy will become possible someday.

Acknowledgement

I am deeply grateful for the precious support for the preparation of this article by Sidonia Fagarasan, Alexis Vogelzang, Blake Thompson, and Maki Kobayashi.

References

Dong, H., Zhu, G., Tamada, K., and Chen, L. (1999). B7-H1, a third member of the B7 family, co-stimulates T-cell proliferation and interleukin-10 secretion. *Nature Medicine* 5, 1365-1369.

Fagarasan, S., Muramatsu, M., Suzuki, K., Nagaoka, H., Hiai, H., and Honjo, T. (2002). Critical roles of activation-induced cytidine deaminase in the homeostasis of gut flora. *Science* 298, 1424-1427.

Freeman, G. J., Long, A. J., Iwai, Y., Bourque, K., Chernova, T., Nishimura, H., Fitz, L. J., Malenkovich, N., Okazaki, T., Byrne, M. C., Horton, H. F., Fouser, L., Carter, L., Ling, V., Bowman, M. R., Carreno, B. M., Collins, M., Wood, C. R., and Honjo, T. (2000). Engagement of the PD-1 immunoinhibitory receptor by a novel B7 family member

(Fig. 3). Her work in my lab and beyond revealed that PD-1 and AID are essential molecules for the generation and selection of the intestinal IgA that regulates our microbiota. Microbiota, in turn, control the immune system by promoting expression of AID, PD-1, and IgA, which are essential for maintaining immune tolerance to microbiota and self, metabolic balance, and even brain function. Using AID-deficient mice, Sidonia was the first scientist to show that dysregulated gut microbiota greatly change the host immune system (Fragasan et al., 2002). How serendipitous that my two favorite molecules should collaborate in such a fascinating way to control the immune system and the microbiome, and to fine-tune anti-tumor activity! It feels impossible to learn everything even just about these two molecules, as they have a far-reaching impact on other major physiological systems of the body. Indeed, despite so much progress, I believe we are just beginning our exploration of life sciences, because we understand so little about biology and physiology. After all, medicine has made great leaps in fixing acute problems, but when it comes to physiology, we are humbled by the body's complexity, as we are decoding the continuous evolutionary experiments of the past four hundred and generations of researchers. This is especially critical in Japan, where human creativity is our most important natural resource.

Another dream of mine is age-shoot. I started playing golf while living in the United States. Over there, the green fee was only five dollars, which even an impoverished post-doc could easily afford. Perhaps I love golf for its similarities to science. For every shot, the given conditions are never the same. You have to think how far you are going to hit, in which direction, whether to add spin to stop on the green, and so on. Most importantly, one must avoid big mistakes. It is totally different from team sports or those where you must score points. In golf, you have to always choose from many ways to approach a shot, and this decision lies with you alone. Probably, this challenging game sparked in me the curiosity to which I am so attached. I dream of achieving a score equal to my age before I turn 80.

Coda

The curiosity surrounding my two favorite molecules, PD-1 and AID, will continue thanks to my long-time collaborator, the Romanian scientist Sidonia Fagarasan

"*C*"s are required. Of course, you have to *C*ontinue your research with lots of *C*oncentration. *C*oncentration means designating research as a central activity in your life, sometimes sacrificing other important calls on your time to focus on your goal. To *C*ontinue and *C*oncentrate, you may need *C*onfidence that you can do it. Or it could be the other way around. *C*oncentration and *C*ontinuation may eventually build up *C*onfidence. The last three "*C*"s are as important as the first three.

Dreams

Aside from scientific activities, I still have two dreams at the age of 76. As I watched younger generations struggling for support, I have long thought Japanese universities should create their own funds to support young scientists. Unlike American universities with large endowments, Japanese universities rely on government funds. Since the future prospects of the science budget from the Japanese government are not so promising, I have proposed that Kyoto University set up a fund using royalties from our PD-1 patent. Fortunately, this fund has already started accepting donations. I sincerely hope others will join this initiative to help instill scientific enthusiasm in the next scientists feel they have, at some point, received unfair statements from our colleagues, I believe revealing the names of peer reviewers is one way we might mitigate some of these problems. Certainly the *status quo* needs to change to make our current peer review system more constructive and efficient.

Six "*C*"s in Science

To carry out science, I always tell my students: if they do not have *C*uriosity, then they should not choose a career in science. There are many types of scientists. It is always important to find out what you really want to know. Imagine research as a journey deep into mountains to find the origin of the mysterious river. Sometimes, on the path, you may discover an interesting stone, which you bring back and find very precious upon careful examination. My style of doing science is to find something totally unknown, or to map a totally new route to an unknown cave from which water is coming out. You should keep asking what you wish to know, rather than what you can do. You need to embrace *C*hallenge and have the *C*ourage to invest your effort and time. These three "*C*"s were the basis of my research career. Once you fix on a project, three more

This article was a symbol to me of deficits in our current system of science journalism. Scientists are eager to publish their papers in the so-called top journals like Science, Nature or Cell, as they are judged by their peers and funders based on such publications. When I first became a researcher, editors of these journals, such as Miranda Robertson, Peter Newmark, Ben Lewin, and Linda Miller, were very knowledgeable, reliable, and sincerely interested in research. I was happy to send my manuscripts to their journals, as I felt confident these editors had the knowledge and training to allow them to perceive the importance of our science. However, more recently, perhaps due to the enormous expansion in the number of journals, this no longer seems to be the case. When in-house editors rely on the majority vote of outside reviewers with different opinions rather than their own judgement, paradigm-shifting papers have difficulty being published, as by definition they run against the concepts held by the majority. It is notable that none of my papers cited by the Nobel Committee were published in these so-called top journals. The current peer review system tends to reject newly emerging concepts or new findings running against the established dogma in the scientific community. Since

tumor had been completely cured by PD-1 blockade therapy, and to watch her enjoying a round of golf on a TV program about the breakthrough drug. Two patients treated for a year with the PD-1 antibody are still free from tumors almost five years later. The PD-1 antibody was approved for melanoma treatment by PMDA in Japan in 2014, quickly followed by the FDA in the U.S.A.

Science Media

In 2013, Science magazine selected cancer immunotherapy as the number one scientific breakthrough of the year. The author of that article described in detail Jim Allison's development of therapy targeting CTLA-4. However, I was shocked to see that the article continued "In the early 1990s, a biologist in Japan discovered a molecule expressed in dying T cells, which he called programmed death 1, or PD-1, and which he recognized as another brake on T cells. *He wasn't thinking of cancer, but others did*". I was speechless! Clearly, this Science editor reporting cancer immunotherapy had either not read our papers describing cancer therapy by PD-1 blockade, or had intentionally neglected them (Iwai et al., 2002, 2005).

almost instantly, on the condition that Ono would be excluded from future developments. I waited for several months for Ono to confirm they had no intention to use our patent independently before committing to the Seattle partner. Ono then stunned me with the news that they now had the resources to invest in developing a PD-1 treatment. Later, I learned that Medarex, the biopharmaceutical company led by Nils Lonberg, had found our published PCT patent application and directly approached Ono with a collaboration proposal. I was extremely lucky again. Without this chance encounter, the PD-1 cancer drug development might have been delayed by many years.

The paper summarizing the first clinical trial (Phase I) on PD-1 antibodies, published by Suzanne Topalian's group in 2012, showed very promising complete or partial responses in roughly 20 to 30 percent of patients with terminal melanoma, lung cancer, or renal cancer. In addition, patients continued in unprecedented good health for more than a year and a half after treatment. In Japan, we carried out a smaller clinical trial on drug-resistant ovarian cancer patients, in collaboration with the Gynecology Department at Kyoto University. I was immensely pleased to hear about a patient whose large

Clinical Application

As I anticipated the clinical application of our finding on tumor treatment by PD-1 blockade, I approached Kyoto University to apply for the intellectual property right for usage of PD-1 blockade for cancer treatment. Frustratingly, they lacked the human and financial resources to support my application. At this point I turned to a small Japanese company, Ono Pharmaceutical Co., Ltd., because we had been involved in other collaborations. Unfortunately, Ono also had no capacity to organize clinical trials for cancer drug development, so they searched for a bigger partner. They spent almost a year visiting more than a dozen companies without success. It was obvious that, at this time, neither the pharmaceutical industry, clinicians, nor even many biologists believed that trying to enhance the immune system could help cure cancer. I was terribly disappointed when Ono officials told me they had decided to abandon the project. I decided to turn to my network of friends in the U.S.A., many of whom had started their own companies.

I visited one such venture capital company in Seattle and they surprisingly agreed to invest in my proposal types of tumor in mouse models (Iwai et al., 2002) (Fig. 5). In my own group, Iwai showed that the spread of B16 melanoma cancer from spleen to liver could also be prevented by anti-PD-1 antibody treatment (Iwai et al., 2005).

As we prepared our publication of PD-L1 isolation, I asked Wood how we might approach patent applications, and was informed that Wood and Gordon had already applied for a patent covering PD-L1 and its usage in November 1999 without informing me. I was surprised and registered a complaint through a lawyer, but to no avail. However, Wood's patent was declined, perhaps lacking sufficient data to support its usage. More unpleasant surprises were to come, as, more than 10 years after our PD-1 blockade paper was published, Freeman and Wood sued me by claiming co-inventorship of the PD-1 cancer immunotherapy patent. The precise timelines in my story thus arise from a desire to publicly clarify how we came to discover the therapeutic value of PD-1, due to my draining and still-unresolved legal battle regarding the intellectual property rights.

cells we had sent from our laboratory. In Japan, we confirmed binding of the 292 protein to PD-1, and performed experiments showing its immune inhibitory function. Together, we published our identification of a PD-1 ligand (PD-L1) (Freeman et al., 2000). Just before the submission of our paper, I learned that Lieping Chen had published a paper describing the identical cDNA as a B7 family member with costimulatory activity, without knowing its receptor (Dong et al., 1999).

Meanwhile, we continued our studies aimed at treating cancer by PD-1 blockade. By September 2000, Iwai had found that myeloma expressing the PD-L1 grew more slowly in PD-1 deficient mice compared with wild-type mice. I was very excited, and convinced that PD-1 would make an excellent target for cancer treatment. As I needed good blocking antibodies against PD-1 or PD-L1, I talked with Minato and urged him to hurry in our collaborative work towards this goal. Minato's group had already started searching for antibodies which could effectively block either PD-1 or PD-L1. Yoshimasa Tanaka in Minato's laboratory worked diligently on the project, and by the end of 2001 we had gathered enough data to demonstrate that PD-1 blockade by PD-L1 antibodies can prevent different

Ever since discovering PD-1, we had predicted the presence of a specific binding partner or ligand (Ishida et al., 1992). On September 17, 1998, we spoke with Steve Clark, the head of the Genetic Institute, about our problem with identification of ligands for PD-1. He proposed using their Biacore instrument to screen for PD-1 ligands in the supernatants from a variety of cultured cells. I agreed to collaborate, and provided not only the reagents but all our knowledge about PD-1, because this molecule was completely unknown to them. Meantime, we tried to identify the PD-1 ligand by fishing for molecules which bound to an engineered PD-1-Ig fusion protein. Although we clearly detected binding of PD-1-Ig protein to various cell types, including some tumor cells, we were unable to purify or identify the miniscule amount of binding proteins. After a year of silence, on October 5, 1999, Clive Wood, who was responsible for this project under Steve, sent word out of the blue that they might have identified the PD-1 ligand. On October 25, 1999, in Boston, Clive explained that their collaborator Gordon Freeman at Dana-Farber identified several B7 family cDNA in a deposited data base, and the Clive group found the protein encoded by one of them (clone 292) had bound to the PD-1 expressing

Fig. 5 **Minato lab members in 2000**
From left to right, Nagahiro Minato, Masakazu Hattori and Yoshimasa Tanaka

KO mice suggested to us that PD-1 could safely be targeted to treat diseases. Around March 1998, we began a series of experiments targeting PD-1 as a therapy for various disorders characterized by defects in immune regulations, such as cancer, infection, autoimmunity, and rejection of transplanted organs. Reasoning that blocking PD-1 would be simpler than enhancing its function, boosting the immune response against cancer became our first goal. Yoshiko Iwai began work looking for ways to use PD-1 in therapeutic applications, and generated many reagents and experimental systems (Fig. 4).

Nishimura generated knock-out (KO) mice on a mixed genetic background in June 1994, but, to our disappointment, the KO mice were identical to controls (Fig. 4). Fortunately, Nagahiro Minato, a very knowledgeable and experienced tumor immunologist on our faculty, suggested that we should breed the PD-KO mice to create an inbred strain and continue to monitor the mice before drawing any conclusion (Fig. 5). Thanks to Minato's guidance, by November 1997 we had observed that, when introduced to the autoimmune-prone lpr/lpr strain, PD-1 deficiency led to arthritis and nephritis at five months of age. Continuing our patient monitoring, we found that PD-1 deficiency on the C57BL/6N background developed similar autoimmune symptoms at 14 months of age. These findings convinced us that PD-1 is a negative regulator of the immune system (Nishimura et al., 1999). Disease manifestation in PD-1 KO mice was milder than that of CTLA-4 KO mice, all of which were reported to die within four to five weeks. The CTLA-4 gene, originally discovered by Pierre Golstein, was shown by Jeffrey Bluestone, Craig Thompson, Jim Allison, Tak Mak, and Arlene Sharpe to encode a negative immune-receptor. The comparatively mild and chronic symptoms in PD-1

Fig. 4 At the celebration party of the CHAOO award by the Japanese Cancer Association in 2014

From left to right, Yasutoshi Agata, Yasumasa Ishida, Yoshiko Iwai, Taku Okazaki, Hiroyuki Nishimura

molecule(s) responsible for the thymic T cell's selection, and proposed comparing the gene expression of growing and dying cells from the thymus (Fig. 4). In May 1991, he used this technique to identify a gene expressed during this process, which we named PD (programmed death) -1 (Ishida et al., 1992). The structure predicted from the gene sequence indicated that PD-1 is a surface receptor protein, related to but distinct from known receptor molecules involved in lymphocyte activation. Therefore, I thought we should focus on finding the function of this protein in immune cells. Hiroyuki of the Medical School of Kyoto University, I was afflicted with very severe back pain, to the point of not being able to walk or sit comfortably. I worked on the AID paper lying on the floor in my office while colleagues kneeled next to me to discuss plans and ongoing experiments. I remember the year 2000 for both the physical challenge and some of the most exciting scientific breakthroughs in my life.

I presented this result at the Annual Meeting of the American Association of Immunologists in Seattle in May 2000, after we sent the two manuscripts to Cell describing the AID deficiency in mice and humans. The lecture was well accepted by a large audience. Although it was clear that the game was over in the hunt for the enzymes responsible for CSR and SHM, for us this was the beginning of another journey: to find out how such a small protein can mediate two complicated genetic changes in immune cells.

Discovery of PD-1, its Function and Application

The mechanisms of clonal selection—namely, how immature T cells are selected during development in the thymus—was another big question in immunology. In my lab, Yasumasa Ishida was striving to identify the continued to investigate the AID function by knocking out the gene in mice. By the end of January of 2000, we could show that AID-deficient animals lacked both CSR and SHM (Muramatsu et al., 2000).

We had been asked for collaboration by Anne Durandy and Alain Fischer from Hôpital Necker-Enfants Malades in Paris, who were trying to identify the gene responsible for a severe immune deficiency in patients with Hyper-IgM syndrome type 2 (HIGM II). These patients had very high concentrations of IgM in their blood, strongly suggesting a genetic defect in class switching. We sent primers to Paris to detect the AID gene, which their group used to identify AID mutations in all HIGM II patients. They also found HIGM II patients were defective in SHM. We quickly confirmed that this process was also lacking in AID-deficient animals. The result was completely unexpected, as the scientific consensus at the time was that SHM and CSR were completely different modifications carried out by different genes. However, these findings showed that the AID protein alone was responsible for these two critical genetic alterations in Ab genes during immune responses. It was a eureka moment for me and the entire group working on AID. At this time serving as a Dean

Fig. 3 At International Congress of Immunology in Milan, 2013

From left to right, Sidonia Fagarasan, Tasuku Honjo, and Masamichi Muramatsu

resembled genes in the cytidine deaminase family, including RNA editing enzyme APOBEC1. Indeed, Muramatsu could show it had noticeable, if weak, cytidine deaminase activity on free cytidine. We published the isolation of the activation-induced cytidine deaminase (AID) gene in 1999 in the Journal of Biological Chemistry. Privately, I had chosen to name the gene AID because both "aid" and "Tasuku" can mean "help", which I did not tell Masamichi. We with a year's salary and residence within the NIH campus, to encourage interactions with its many scientists. I enjoyed staying at the NIH campus and talking with many immunologists, including William Paul, who provided an education in cellular immunology, especially regulation of the immune response. One day I met Warren Strober and his associate Yoshio Wakatsuki from Kyoto University, who told me they had a cell line that could be stimulated to switch from producing IgM to IgA antibodies *in vitro*. Instantly, I realized this cell line could be what I was looking for in order to identify the enzyme(s) responsible for induction of CSR. After repeatedly selecting efficiently switching clones for two years, we finally isolated a cell line (CH12F3) that robustly expressed IgA after 48-hour stimulation with CD40 ligand, IL-4, and TGF-β1.

Masamichi Muramatsu began looking for differences in cDNAs expressed by CH12F3 cells before and after stimulation (Fig. 3). One gene caught his attention which was expressed only in activated B cells but not T cells. In addition, the gene was turned on in germinal centers, the active sites in the lymphoid tissues where CSR was known to take place. Surprisingly, the clone closely goal was to elucidate the mechanism in detail, and especially to identify the enzyme(s) that catalyze(s) CSR.

Journey to AID

In 1979, five years after I came back from Phil's laboratory, I was invited to be the head of the Department at Genetics at Osaka University School of Medicine. Elevating a relatively early-stage researcher to such a prominent position was something unprecedented in Japan. However, my stay in Osaka was short, as in 1984 I was invited back to Kyoto University to succeed Hayaishi after his retirement. A highlight during my time in Osaka was being invited to the Nobel symposium organized by Erna Möller and Göran Möller in 1982. There I met Eva Severinson, who later proposed a collaboration to clone cytokines which could enhance class switching, as she had established a mouse helper T cell line and a sensitive experimental assay system for class switching. By expressing a full-length cDNA library in amphibian oocytes, we discovered IL-4 and IL-5, which turned out to be critical for not only CSR but also T cell differentiation.

In 1991, I was invited to NIH as a Fogarty Scholar, a very valuable sabbatical opportunity. It provided me

Fig. 2 Students in Tokyo around 1979

From left to right, Tohru Kataoka, Yoshio Yaoita, Naoki Takahashi, Toshiaki Kawakami and Akira Shimizu

long, frustrating moratorium on gene cloning technology. I quickly succeeded in isolating $C_{\gamma1}$ cDNA, starting from purified mRNA using molecular cloning techniques, with the help of John Seitman. I was fascinated when we established the sequence of the $C_{\gamma1}$ gene, and finally discovered that each domain of the $C_{\gamma1}$ chain is separated by noncoding spacers. Akira Shimizu and others went on to map all the C_H genes on the mouse chromosome (Fig. 2). We were very much delighted to prove that the proposed DNA deletion model of antibody diversity was absolutely correct. The next clear

worked after classes with me.

It took almost three years until we began to obtain interesting data. Surprisingly, we found that the gamma chain constant (C_γ) gene was deleted from DNA in myelomas. To examine whether C_H gene deletion was an artifact of the myeloma cancer we were studying, I asked Michael Potter——an expert in plasma cell cancers working at NIH——to send more myeloma cells producing different Ig classes. Tohru Kataoka and I carried out extensive Cot Curve analyses of many myeloma DNAs (Fig. 2). At that time, I was commuting from Yokohama to Tokyo, which took 90 minutes each way. One night, while poring over results on the train on my way back home, I found that the C_H gene deletion always takes place upstream from the C_H gene expressed in that particular myeloma, assuming a specific order of C_H genes on the chromosome. That was the moment when I reached the DNA deletion hypothesis model for class switch recombination (CSR) (Honjo and Kataoka, 1978). I was extremely delighted when our research was highlighted by the Nature editor Miranda Robertson, in the journal's News and Views.

In 1977, I returned to Phil's lab for three months when they restarted experiments after the lifting of a decision and kindly recommended me for a small grant from the Jane Coffin Childs Memorial Fund, which was instrumental in launching my career at the University of Tokyo. He also generously sent precious RNA reverse transcriptase, an essential reagent to generate cDNA that was then difficult to obtain.

The University of Tokyo was considered the best university in Japan. However, I found that not only the infrastructure, but also the spirit, of science were far behind what I had experienced in Hayaishi's laboratory. To avoid direct competition with Phil, I decided to reorient my work on the Ig heavy (H)- chain gene structures that had their own unique biological question, i.e., how different classes of antibody like IgG, IgE or IgA were made during immune responses. Although the question was clear, I faced many technical hurdles, as even a basic piece of equipment like a gel dryer was difficult to find. I remember going down to the Akihabara area, where many shops sell electronic components, to buy thick rubber plates, hose, and mesh to build my own vacuum drying apparatus for electrophoresis gels, which were essential for visualizing proteins. A few brilliant medical students who later took the graduate course in my lab voluntarily

conclusion was that there is only one copy, or very few copies, of the Ig L_κ or L_λ chain gene. Ironically, these results ran contrary to Don's preferred germline theory of diversity.

Back to Japan

With this result, after almost four years in America, I felt drawn back to Japan. Phil advised me to stay as, in 1974, it was apparent that the Japanese universities had neither money nor the sophisticated facilities to carry out advanced molecular biological studies. I faced the second big choice in my life. I finally made up my mind to go back to Japan. Firstly, I wanted my small children (my daughter, Yasuko, who had recently been born in Baltimore, and my five-year-old son, Hajime) to experience aspects of Japanese culture that might be lost to them if we continued to live abroad; and secondly, I wanted to nurture a strong culture of molecular biology research in Japan, as my mentor, Hayaishi, had done for biochemistry. I am happy to have seen my children thrive back in Japan, Hajime as a gastroenterologist and Yasuko as an embryologist, although for their success I owe a debt of gratitude to my wife, Shigeko, as I was a typical, workaholic Japanese husband. Phil accepted my so greatly while maintaining the important structural information contained in the Ig constant (C) region gene. Based on his studies on the organization of ribosomal RNA genes, Don proposed that multiple copies of the C gene might be conserved by frequent homologous recombination between other copies of C genes to repair errors, and suggested that this long-standing biology mystery could be approached with modern molecular biological technology. I could not stop asking Don where the best place to tackle this fundamental problem was. He suggested Philip Leder, whom I met three months later when he gave a seminar in Carnegie. My long journey in molecular immunology began when Phil accepted me to his lab at NIH.

The work in Phil's lab was exciting every day. There was a movable arrow on the wall pointing either to the germline or somatic hypermutation theory. The strategy Phil proposed was to count the number of the light (L)-chain C genes by hybridization kinetics, using radiolabeled cDNA derived from purified Ig L chain messenger RNA. The speed with which these labelled genetic probes were reannealed after denaturation, together with total cellular DNA, would reflect the number of L-chain C genes present in the genome. Our in an international scientific environment.

I was fortunate to be hired as a postdoctoral fellow at the Carnegie Institution of Washington in Baltimore. The beautiful Carnegie building was located next to the northwest corner of the Homewood campus of Johns Hopkins University. Retrospectively, an incident which changed my life occurred about one year after my arrival. Donald Brown gave a seminar in Carnegie about the organization of the immunoglobulin (Ig) gene. At that time, not only immunologists but all biologists were keen to find how animals generate specific antibodies against almost every foreign antigen they encounter. Two major hypotheses were put forward to explain the enormous diversity of antibodies produced by B lymphocytes. The first so-called 'germline' hypothesis claimed that we may have as many as one thousand genes responsible for the antibody diversity phenomenon. The second theory, called "somatic hypermutation" originally proposed by Sir Frank Macfarlane Burnet, claimed that DNA mutations in immune cells could generate enormous lymphocyte diversification from a limited number of inherited genes. A major problem with the germline hypothesis was explaining how individual copies of the Ig variable (V) gene could differ

the amino acid tryptophan, and later discovered protein kinase C and its regulation by phorbol ester.

I believe it was in the summer of 1967 when I found a very interesting paper by John Collier, demonstrating the requirement for NAD by diphtheria toxin for inactivation of protein synthesis enzyme EF-2. This work was striking, as at that time toxins were thought to function by directly binding components of cellular machinery to block their activity. I had a strong desire to find out why NAD is essential for diphtheria toxin's function. I was, fortunately in the best place to answer this question, due to the availability of labelled forms of NAD generated by Nishizuka's research on the NAD pathway. I quickly established that diphtheria toxin is an enzyme that catalyzes transfer of the ADP-ribose moiety of NAD to EF-2 and published this finding in the prestigious Journal of Biological Chemistry (Honjo et al., 1968). Publishing this work while still a graduate student gave me a boost of confidence. The remaining two years of my graduate course were, sadly, scientifically lost, as student riots forced the closure of the university campus. I was already thinking of the next step. Following the example of my mentors and my father before me, I was determined to challenge myself

and molecular biology, which I believed would lead to a better understanding of what life is.

Early Training

Fortunately for my scientific career, I became bored with memorizing Latin names for anatomy and the symptoms of many diseases with unknown causes in medical school, and began to spend most of my time in the laboratory of Professor Osamu Hayaishi. Hayaishi was a great biochemist—the discoverer of oxygenase enzymes—who had just returned to Kyoto University from a nine-year stint at the National Institutes of Health, and at Washington University in St. Louis. He worked with the biochemist and Nobel laureate Arthur Kornberg, with whom he kept a close friendship throughout his life. I eagerly joined Hayaishi's department for graduate studies between 1967 and 1971. During this time, and also later in my life, I learnt much from Hayaishi, not only about science but also other enjoyable pastimes like golf and wine tasting, which later gave me much pleasure. In Hayaishi's lab, I was mentored by Yasutomi Nishizuka, who was then famous for elucidating how the molecule NAD, essential for energy production in all living cells, is synthesized from passionate about. I considered becoming a lawyer or embracing a diplomatic career, because I thought I could communicate effectively. However, a medical profession was very attractive to me, as not only my father but many of our relatives were clinical doctors. In the end, I chose to continue this legacy and applied for entry to the Kyoto University Medical School.

During the years around 1960, as I entered medical school, I felt I was witnessing a revolution in biology, with discoveries such as the double helix structure of DNA in 1953 and the decoding of the triplet nature of the genetic code in 1964 by Marshall Nirenberg and Philip Leder. I recall being extremely impressed by a Japanese book called "Revolution in Biology" by Atsuhiro Shibatani, who happened to be a colleague of my father's at Yamaguchi University. Published in 1960, the book contained amazing speculations; that cancer is a manifestation of mutations in our DNA; that automated DNA sequencing will enable us to define these mutations; that the development of "molecular surgery" will allow us to repair defects in DNA and may ultimately cure cancer. The night after I was exposed to Shibatani's extraordinary imagination, I could not sleep. I was totally immersed and fascinated by biochemistry

My first moment of enchantment with the natural sciences took place when I observed the tiny rings around Saturn in a clear sky, using a portable telescope in the playground of Kamihara Elementary School in Ube during a summer vacation. Afterwards, I began to read many astronomy books and was determined to be an astronomer. My passion for astronomy continued for a few years, until my mother gave me the biography of Hideyo Noguchi, a world-famous yet unconventional Japanese microbiologist. Noguchi obtained his Medical license while struggling with incredible poverty and also physical handicap, after seriously burning his hand. He went to Philadelphia at the age of 24 to meet the great pioneer in the infectious disease research Simon Flexner, who later hired Noguchi at the Rockefeller Medical Institute. Noguchi is mostly known for his finding that progressive paralytic disease is caused by infection of the brain with syphilis, and for his pursuit of the cause of yellow fever. Ironically, the latter was to cause his sudden death in Ghana.

When I first had to make decisions about my future path at the end of senior high school, I was still uncertain. I knew I did not want to be a clerk or a civil servant, because I wanted to do something I was

Fig. 1 **Honjo family in 1955**
From left to right, Nobuko, Sho-ichi, Ryuko and Tasuku

woman born in Hawaii who taught me English two years ahead of my classmates, which helped my communication skills later in my career. My father enjoyed painting and was also an excellent golf player. I seem to have inherited his athletic, but not artistic, traits, although I do appreciate and enjoy paintings and music. While my father educated me rather strictly, my mother was protective and warm, forever my guardian goddess. She not only saved my life, but shaped the person I was to become with her love (Fig. 1).

region. My family traces its ancestry back to a priest from a temple called Honjo-san Sensho-ji. Many years ago, when visiting the temple for the first time, I immediately recognized my relatives among others without any introduction. Their familiar eyes, eyebrows, noses, and cheeks resembled those of my immediate family members.

We were welcomed by the head priest, Kuniyuki Honjo, who showed us the Sensho-ji Temple and writings about its origins. We were told that the Temple had been established sometime between 1077 to 1080 by Goromaru Fujiwara, a guard who helped the third son of the Emperor Go-Sanjo escape fighting in Kyoto, then Japan's capital.

My father worked as a surgeon at the Kyoto University Hospital. He later became the head of the Otorhinolaryngology Department in the Yamaguchi University Medical School in Ube City, where he served until his retirement in 1976. Having spent several years in Montreal's McGill University and Northwestern University in Chicago learning advanced surgical operations, he was fluent in English and perceived it was the new *lingua franca* one needed to master. Thus, my father introduced me to Ms. Kato, a Japanese

Biography

Prologue

Burning wooden walls collapsed in front of us. I was on the back of my mother, who was running away from our burning house, gasping for air. Although I was just three and a half years old, I vividly remember this scene that seems to be engraved forever in my memory. It was one of the most devastating American bombing raids targeting civilians, which took place in Toyama City on August 1, 1945, just two weeks before the end of war. We escaped the fire by jumping into a ditch beside a rice field to avoid the heat from the nearby burning houses. Just minutes before, an incendiary bomb had hit the bomb shelter in our garden where we had been hiding. Luckily, that bomb did not explode. I believe I was extremely fortunate from this early stage of my life.

I was born in Kyoto on January 27, 1942, less than two months after World War II started in the Pacific

First published 2020 in Japan by Shodensha
Translated by Kaoru Takeuchi
Graph design by Hiroyuki Shino
Book design by Kazuhiro Morikawa
Translation coordination by Ayako Akaogi
Edited by Hideo Iijima

BIOGRAPHY

SERENDIPITIES OF ACQUIRED IMMUNITY

Nobel Lecture in 2018

TASUKU HONJO

切りとり線

★読者のみなさまにお願い

この本をお読みになって、どんな感想をお持ちでしょうか。祥伝社のホームページから書評をお送りいただけたら、ありがたく存じます。今後の企画の参考にさせていただきます。また、次ページの原稿用紙を切り取り、左記まで郵送していただいても結構です。

お寄せいただいた書評は、ご了解のうえ新聞・雑誌などを通じて紹介させていただくこともあります。採用の場合は、特製図書カードを差しあげます。

なお、ご記入いただいたお名前、ご住所、ご連絡先等は、書評紹介の事前了解、謝礼のお届け以外の目的で利用することはありません。また、それらの情報を6カ月を越えて保管することもありません。

〒101-8701（お手紙は郵便番号だけで届きます）
祥伝社　新書編集部
電話03（3265）2310
祥伝社ブックレビュー　www.shodensha.co.jp/bookreview

★本書の購買動機（媒体名、あるいは○をつけてください）

________新聞の広告を見て	________誌の広告を見て	________の書評を見て	________の Web を見て	書店で見かけて	知人のすすめで

★100字書評……幸福感に関する生物学的随想

名前

住所

年齢

職業

本庶 佑　ほんじょ・たすく

京都大学高等研究院副院長・特別教授、医学博士。1942年、京都市生まれ。京都大学医学部卒業、同大学院医学研究科博士課程修了。カーネギー研究所招聘研究員、アメリカ国立衛生研究所客員研究員、東京大学医学部助手、大阪大学医学部教授、京都大学医学部教授、同医学部長などを経て現職。専門は分子免疫学。恩賜賞・日本学士院賞、ロベルト・コッホ賞、文化勲章、京都賞など受賞・受章多数。2018年、ノーベル生理学・医学賞を受賞。

幸福感《こうふくかん》に関《かん》する生物学的随想《せいぶつがくてきずいそう》

本庶《ほんじょ》 佑《たすく》

2020年4月10日　初版第1刷発行

発行者………………辻 浩明
発行所………………祥伝社しょうでんしゃ
〒101-8701　東京都千代田区神田神保町3-3
電話　03(3265)2081(販売部)
電話　03(3265)2310(編集部)
電話　03(3265)3622(業務部)
ホームページ　www.shodensha.co.jp

装丁者………………盛川和洋
印刷所………………萩原印刷
製本所………………ナショナル製本

Printed in Japan ISBN978-4-396-11600-2 C0247

〈祥伝社新書〉
医学・健康の最新情報

190
発達障害に気づかない大人たち
ＡＤＨＤ、アスペルガー症候群、学習障害……全部まとめて、この1冊でわかる
福島学院大学教授
星野仁《よし》彦《ひこ》

356
睡眠と脳の科学
早朝に起きる時、一夜漬《いちやづ》けで勉強をする時……など、効果的な睡眠法を紹介する
杏林大学医学部教授
古賀良彦

404
科学的根拠にもとづく最新がん予防法
氾濫《はんらん》する情報に振り回されないでください。正しい予防法を伝授！
国立がん研究センター
がん予防・検診研究センター長
津《つ》金《がね》昌一郎

458
医者が自分の家族だけにすすめること
自分や家族が病気にかかった時に選ぶ治療法とは？　本音で書いた50項目
医師
北條元治

597
120歳まで生きたいので、最先端医療を取材してみた
ミニ臓器、脳の再生、人工冬眠と寿命、最新がん治療……新技術があなたを救う
実業家
堀江貴文　著
予防医療普及協会　監修

〈祥伝社新書〉
大人が楽しむ理系の世界

419
1日1題！ 大人の算数
あなたの知らない植木算、トイレットペーパーの理論など、楽しんで解く52問

埼玉大学名誉教授
岡部恒《つね》治《はる》

318
文系も知って得する理系の法則
生物・地学・化学・物理——自然科学の法則は、こんなにも役に立つ

元・慶應義塾高校教諭
佐久《さく》協《やすし》

338
大人のための「恐竜学」
恐竜学の発展は日進月歩。最新情報をQ＆A形式で

北海道大学准教授
小林快次 監修

サイエンスライター
土屋 健 著

490
オスとメスはどちらが得か？
生物界で繰《く》り広げられているオスとメスの駆け引き。その戦略に学べ！

静岡大学農学部教授
稲垣栄《ひで》洋《ひろ》

430
科学は、どこまで進化しているか
「宇宙に終わりはあるか？」「火山爆発の予知は可能か？」など、6分野48項目

名古屋大学名誉教授
池内 了《さとる》

〈祥伝社新書〉
教育・受験

495
なぜ、東大生の3人に1人が公文式なのか？
世界でもっとも有名な学習教室の強さの秘密と意外な弱点とは？
育児・教育ジャーナリスト
おおたとしまさ

360
なぜ受験勉強は人生に役立つのか
教育学者と中学受験のプロによる白熱の対論。頭のいい子の育て方ほか
明治大学教授
齋藤 孝
家庭教師
西村則《のり》康《やす》

433
なぜ、中高一貫校で子どもは伸びるのか
開成学園の実践例を織り交ぜながら、勉強法、進路選択、親の役割などを言及
開成中学校・高校校長
東京大学名誉教授
柳沢幸雄

452
わが子を医学部に入れる
医学部志願者、急増中！「どうすれば医学部に入れるか」を指南する
桜美林大学北東アジア総研
客員研究員
小林公夫

362
京都から大学を変える
世界で戦うための京都大学の改革と挑戦。そこから見えてくる日本の課題とは
京都大学第25代総長
松本 紘《ひろし》